重养自己一遍

女性的自我成长与重生之旅

郑安然◎著

中华工商联合出版社

图书在版编目（CIP）数据

重养自己一遍：女性的自我成长与重生之旅 / 郑安然著. -- 北京：中华工商联合出版社，2025.3.
ISBN 978-7-5158-4211-0

Ⅰ．B848.4-49

中国国家版本馆 CIP 数据核字第 202522CT97 号

重养自己一遍：女性的自我成长与重生之旅

| 作　　者：郑安然 |
| 出 品 人：刘　刚 |
| 责任编辑：吴建新　关山美 |
| 装帧设计：北京任燕飞图文设计工作室 |
| 责任审读：付德华 |
| 责任印制：陈德松 |
| 出版发行：中华工商联合出版社有限责任公司 |
| 印　　刷：三河市宏盛印务有限公司 |
| 版　　次：2025 年 4 月第 1 版 |
| 印　　次：2025 年 4 月第 1 次印刷 |
| 开　　本：880mm*1230mm　1/32 |
| 字　　数：150 千字 |
| 印　　张：6.875 |
| 书　　号：ISBN 978－7－5158－4211－0 |
| 定　　价：59.80 元 |

服务热线：010－58301130－0（前台）
销售热线：010－58301132（发行部）
　　　　　010－58302977（网络部）
　　　　　010－58302837（馆配部）
　　　　　010－58302813（团购部）
地址邮编：北京市西城区西环广场A座
　　　　　19－20层，100044
http://www.chgslcbs.cn
投稿热线：010－58302907（总编室）
投稿邮箱：1621239583@qq.com

工商联版图书
版权所有　侵权必究

凡本社图书出现印装质量问题，请与印务部联系。
联系电话：010－58302915

前言 preface

在自我重塑中绽放
——女性成长与重养自己的旅程

在这个纷繁复杂的世界里，每一位女性都在经历着属于自己的独特旅程。从青涩的少女到成熟的女性，我们不断地在成长、变化，也在不断地寻找自我、重塑自我。在这个过程中，我们可能会遭遇挫折、面临困境，但正是这些经历，让我们变得更加坚韧、更加自信。而今天，我想与大家分享的，正是关于女性成长与重养自己的故事，以及这一过程中我们所需要的力量与智慧。

"在这个世界上，每个人都是独一无二的星辰，你的光芒足以照亮整个夜空。"这句话不仅是对女性价值的肯定，更是对我们潜力的激发。作为女性，我们拥有独特的魅力与力量，这些特质让我们在人群中脱颖而出，成为一道亮丽的风景线。然而，在现实生活中，我们却常常因为外界的评价与期望，而忽略了自己内心的声音，忘记了自己真正的价值。

因此，重养自己的第一步，就是要学会认识自己、接纳自己。我们需要勇敢地面对自己的优点与不足，学会欣赏自己的独特之处，让自己的光芒得以闪耀。在这个过程中，自信与自我肯定将成为我们最坚实的后盾。要相信，无论身处何种环境，无论面对何种挑战，我们都有能力去应对、去克服。因为，我们的光芒，无可替代。

重养自己，并不意味着要抹去过去的痕迹，而是要在伤痛中汲取力量，让自己变得更加坚强、更加成熟。我们需要学会放下过去的包袱，勇敢地面对现实，积极地去寻找解决问题的方法。在这个过程中，我们会发现自己的内心变得更加坚韧、更加宽广。而这份坚韧与宽广，将让我们在逆境中依然能够绽放出属于自己的光彩。

重养自己，学会放慢脚步，去感受生活中的美好与宁静，让自己更加专注于当下。学会调整自己的心态，用积极、乐观的态度去面对生活中的挑战与困难。

重养自己，学会与自己对话，去倾听自己内心的声音。拒绝外界的压力与干扰，坚定地追求自己内心的真实与美好。

重养自己，用笑容去面对生活中的挑战与困难。要相信，无论遇到什么困境，笑容都能为我们带来力量与希望。

重养自己，培养自己的内在力量与智慧，提升自己的知识水平与思维能力，拓宽自己的视野与经历。

重养自己，学会坚持与毅力。要相信自己的能力与潜力，勇敢地面对挑战与困难；同时，也要学会在失败中吸取教训、在挫折中不断成长。

重养自己，勇敢地去追求自己的梦想与理想。要相信自己的能力与潜力，勇敢地迈出第一步。作为女性，我们拥有独特的梦想与追求，这些梦想让我们在人生的道路上充满了动力与激情。

重养自己，是一场关于成长与蜕变的旅程。在这个过程中，我们需要学会认识自己、接纳自己；学会面对伤痛、勇敢前行；学会保持内心的平和与宁静；学会倾听内心的声音、寻找真正的自我；学会用笑容去面对生活中的挑战与困难；学会点亮自己内心的光芒、照亮前行的道路；学会坚持与毅力、不断追求自己的梦想与理想。愿每一位女性都能在这场旅程中，找到属于自己的光芒与力量，绽放出属于自己的独特魅力与光彩。

目录 contents

第一章 重启自我认知之旅

3/ 找回初心，学会爱自己

5/ 珍视当下，感受生活的绚烂多彩

7/ 激发潜能，以正面思维破局

10/ 看淡名利，拥抱简单生活

12/ 让快乐成为生活的主旋律

14/ 解锁幸福生活的密码

17/ 超越往昔，拥抱未来

18/ 跨越自卑，拥抱自信的成功之旅

第二章 重塑身心健康基石

23/ 身心健康是绽放自我的基础

25/ 驾驭情绪，自我疗愈

28/ 巧用自我解嘲，平衡心灵天平

31/ 重塑活力,光芒四射

33/ 摒弃陋习,拥抱健康生活

36/ 接纳不完美,释放真我魅力

40/ 抱怨是侵蚀光彩的隐形毒药

44/ 阳光洒满心田,知足拥抱幸福

第三章 重启人际情谊网络

51/ 借微笑之光照亮绚烂人生路

55/ 编织人际纽带,开启多彩人生

60/ 未雨绸缪织人脉,优雅从容御风雨

63/ 学会拒绝,守护自我的智慧密钥

66/ 爱的光辉是点亮女性璀璨人生的星辰

68/ 在爱中绽成长,捍卫女性独立与尊严

71/ 知己相伴,奏响最美的心灵乐章

第四章 重燃生活热情与创造力

77/ 阳光心态,照亮生命之旅

83/ 务实行动,铸就辉煌

86/ 突破思维局限,思路决定出路

91/ 看重自己,幸福之源

98/ 用艺术丰盈你的内心

102/ 自己喜欢很重要

106/ 沉浸书香氛围，滋养灵魂芬芳

109/ 拥抱热爱，享受生活

第五章 重建高效生活秩序

115/ 洞悉时间价值，珍视每分每秒

119/ 确立明确目标，指引生活方向

123/ 合理规划时间，提升生活效率

126/ 克服拖延顽疾，把握生活节奏

131/ 打造专注，提升效率

134/ 巧用碎片化时间，积少成多增效

第六章 重塑职业竞争力职场

139/ 择业追随热爱，开启幸福职场

141/ 专注制胜，职场成功的不二法门

143/ 以最佳状态铸就职场辉煌

146/ 事业是女性魅力绽放的璀璨舞台

151/ 持续学习，助力职场晋升

154/ 团队协作，凝聚力量共创辉煌

157/ 应对挫折，职场成长的必经之路

第七章 重构财务智慧与理财观念

163/ 觉醒财务认知，正视财务实况
166/ 职业发展是财富增长的稳定引擎
170/ 筑牢风险管理防线，守护财富稳健增长
174/ 凝聚家庭力量，共筑财富之路
177/ 理性消费，以节流为财富开源之道
181/ 用战略眼光谋划财富未来

第八章 重启人生愿景与规划

187/ 放下犹豫，开启成功之门
190/ 内蕴涵养是女性魅力的永恒源泉
194/ 从心动到行动，铸就成功之路
198/ 挣脱束缚，勇敢逐梦
201/ 不断提升自身技能，不断超越自己
205/ 精心规划人生，绽放多彩华章
208/ 奋斗是搭建通往成功与梦想的坚实桥梁

第一章

重启自我认知之旅

在生活的喧嚣中，我们时常背离初衷，陷入迷茫。这一章，恰似一场心灵的回归之旅，引领你重启自我认知。找回那份被岁月尘封的初心，领悟爱自己的真谛，因为这是一切美好的基石。让你学会珍视当下，不再对生活的美好视而不见。以乐观积极的思维，激发内在潜能，冲破困境的壁垒。摒弃对名利的执着，拥抱简单生活，让快乐成为生活的主调，解锁属于你的幸福密码。告别过去的自我设限，跨越自卑，自信地迈向未来。

找回初心，学会爱自己

在爱的漫漫旅途中，自爱是起点，唯有先学会爱自己，方能更好地去关爱他人，其重要性不言而喻。

我们常常会在他人情感的起伏以及言语的评判中，渐渐迷失自我，忘却了自身原本闪耀的光芒，忽略了内心深处的那份璀璨。无论生活给予我们的是怎样的卑微与艰辛，我们都不应选择逃避，不能以诅咒来回应，更不要让失望的阴霾笼罩在心头。

每一个晨曦微露的清晨，不妨对着镜子轻声给自己一句"加油"。每一次跌倒之后，要凭借坚韧的心重新站起，以独立的姿态拭去泪水，告诉自己：这世间独一无二的你，便是最美好的存在。无论当下的自己是何种模样，请务必牢记，你在这世间是独一无二的，故而爱自己显得格外重要。

经历过伤痛的心灵，往往容易陷入逃避的漩涡。但要明白，每一道伤痕背后，其实都隐匿着生活给予的智慧与启示。我们无须与伤痛对抗，而是应当深入其中，细细品味，用心领悟，直至触及心灵最深处，邂逅那个最真实的自己。

爱自己，是给予自己的温柔呵护，是对自身的理解与接纳。它让我们明白，总有一些事情是我们力所不及的。在他人眼中或许轻而易举的事，于我们而言，却可能如攀登山峰般艰难。那么，这时就请告诉自己：做不到也无妨，无须勉强自己成为无所不能的超人，也不必去追求让所有人都满意。因为，我们只需在自己能力所及的范围内，全力以赴，将每一件事做到极致即可。或许我们无法成为完美无瑕的人，但却可以不断超越自我；或许我们无法赢得所有人的赞赏，但定能赢得一部分人的尊重。

人生，本就需要一些不完美来点缀。这些不完美，或许会让我们遭受他人的冷眼与委屈，但恰恰是它们，能让我们更加清晰地看清生活的本质，深刻领悟人生的真谛。我们可以勇敢地说出"我不会""我不能"，但切不可让这成为逃避的借口。我们不怕失败，怕的是失败之后失去继续前进的勇气；我们不怕他人的嘲笑与冷漠，怕的是对这些已然麻木不仁。

曾经受伤，曾经忍痛，但若这是成长必经的道路，那么我们愿意且必须去承受。因为只有如此，我们方能成为自己世界里的主宰，成为那个能掌控命运的女王，而不是在别人的故事里黯然流泪。成为自己世界里的女王，并非意味着要与世隔绝，也不是要表现得孤傲冷漠。它意味着要培养自身的自信与独立，不依赖他人，不轻视自己，不在意他人的目光。你就是你，完全可以在自己的世界里绽放光芒，在属于自己的舞台上演绎精彩的人生。无论台下的观众做何反应，都要记得，能改写你人生剧本的，唯有你自己。只有你能决定自己的人生该如何延续，谁能走进你的世界，谁又该从你的舞台退场。

当你真正掌控了自己的人生，也就学会了如何爱自己。

而爱自己，会让你的世界变得更加美好，这是人生中最为珍贵的道理，值得我们永远铭记于心。

珍视当下，感受生活的绚烂多彩

晓雨，宛如一位在情感世界里执着探寻的旅人，她的心灵恰似漂泊于爱情海洋中的船只，不断寻觅着方向。然而，每一段恋情于她而言，都仿佛是那转瞬即逝的美丽浪花，年过三十的她，依旧站在情感的十字路口，迷茫与不安如影随形，她满心渴望着那份至臻的爱情，却总是在寻找的过程中迷失了方向。

欣怡，则是职场征途上勇敢的探险者，她对工作满怀热忱，却又总是不甘于现状的束缚。一次次的跳槽，让她在职场的十字路口徘徊不定，三十岁的她，依然未能揭开职业定位的神秘面纱，前行的道路依旧模糊不清，疲惫与困惑交织成她生活的底色。

尽管晓雨和欣怡面临的问题截然不同，生活方式也大相径庭，但她们都背负着沉重的负担，前行之路举步维艰。晓雨在情感的漩涡中苦苦挣扎，难以寻得心灵的安宁；欣怡则在职场的迷雾中彷徨失措，找不到前行的方向。她们之所以活得如此疲惫不堪，根源就在于对现状的不满以及对未来的迷茫，这使得她们忽视了珍惜当下所拥有的一切。

其实,生活的幸福并非遥不可及,它常常就潜藏在我们所拥有的点滴之中。倘若晓雨能珍视每一次与男友相处的时光,用心去感受爱情的甜蜜与温暖,或许就能找到那份属于自己的幸福港湾。而欣怡若能专注于当下的工作,努力提升自己的专业素养,说不定就能在职场上开辟出一片属于自己的天地。

当然,这并非意味着要我们完全放弃对未来的追求。相反,我们应当在珍惜当下的同时,保持对未来的憧憬与期待。但更为重要的是,我们要学会在现实与理想之间找到平衡,切不可让欲望和虚荣心蒙蔽了双眼。

当我们学会知足常乐时,就会惊喜地发现,生活中的美好无处不在。无论是家人的温馨关怀、朋友的真诚陪伴,还是独处时的宁静与思考,皆是生活赋予我们的宝贵财富。我们理应用一颗感恩的心去感受这一切,珍惜每一个美好的瞬间。

当你不再抱怨他人,不再抱怨自己,不再将时间浪费在明知没有结果的事情上,不再仰望别人的幸福生活而心生嫉妒时,你就会发现,原来生活可以如此绚烂多彩,自己也可以如此快乐地生活着。

此外,我们还要学会放下那些无法改变的事情。人生中总会有诸多不如意和遗憾,但这些都是成长的一部分。我们不应让它们成为前行的负担,而要勇敢地面对并接受它们。只有这样，我们才能轻装上阵，迎接未来的挑战与机遇。

让我们学会珍惜当下，热情地拥抱每一个美好的瞬间，用心去感受生活的绚烂多彩。无论是与家人的温馨相聚，还是与朋友的欢声笑语，抑或是独处时的宁静与思考，都是生活赐予我们的珍贵财富。当我们不再抱怨、不再羡慕他人时，就会真切地感受到生活原来可以如此美好而充实。让我们怀揣着一颗感恩的心去感受、去珍惜、去享受这一切吧！

激发潜能，以正面思维破局

在我们每个人的内心深处，都潜藏着一股无尽的潜能，它宛如沉睡在心灵宝库中的巨额财富，正等待着在关键时刻被唤醒并发挥作用。而正面思维的本质，恰恰在于激发我们发挥主观能动性，去挖掘这份潜力，展现出每个人的创造性和价值，进而从认知层面改变我们的命运。

尽管时光无法倒流，我们无法从头再来，但每个人都有能力把握当下，开创一个全新的未来。

诸多杰出人物都坚信，正面思维是成功的源泉。因为一个人的成功，首先源于思维的引领，接着是行动的落实，最终方能成就一番事业。一旦正面思维形成，那些阻碍我们前行的消极思维便会自动消散，促使我们在工作中以乐观的态度去思考和行动，推动事情朝着对我们有利的方向发展，助力我们搬开前进路上的绊脚石，披荆斩棘，乘风破浪，进而发现并实现自我。

从古至今，无论是国内还是国外，那些取得卓越成就的人，无不是从正面思维中汲取力量，以积极、主动、乐观的态度去思考和行动，从而开拓出自己的人生道路。他们在逆境中愈发坚韧，在顺境中脱颖而出，将不利因素转化为有利条件，推动事业的成功，实现自我价值。正如曾子所言："吾一日三省吾身。"通过不断反省自己的行为，学会取舍，用正面思维取代负面思维，持之以恒地校正自己的思维航线。

成功路上的障碍往往源自自身。许多人之所以失败，正是因为没有学会正面思维，因循守旧，缺乏创意和勇气，总觉得自己不如他人，在妄自菲薄中错失良机。罗斯福曾说："没有你的允许，世界上没人能够让你觉得自己低人一等。"只要我们学会正面思维，就没有什么能够阻挡我们前进的步伐。

这些伟人原本也都是平凡人，之所以能成为众人瞩目的焦点，正是因为他们强化了正面思维，摆脱了负面想法，依靠自己的努力树立了自己，成就了自己。在竞争中求生存，许多人之所以未能达成目标，往往是因为在追求过程中容易产生负面想法。本来大有可为的人，因为未能从正面思考和处理问题，就失去了反败为胜的机会。

我们唯有学会正面思维，才能让消极的思维方式销声匿迹，确保在处理任何事情时都能以积极、主动、乐观的态度去思考和行动。这将促使事物朝着有利的方向发展，使我们在逆境中更加坚定，在顺境中脱颖而出，从优秀迈向卓越。从正面的思想观念上改变命运，才是事业成功和实现自我价值的有效途径。

每个人都是一座有待攀登的山峰，最难跨越的其实就是自己。哪怕只是向上迈出一小步，也能抵达新的高度。无论遇到何种困难，只要我们学会正面思维，就会发现一切问题都有解决之道。战胜自己，就没有什么是不能达到的。在前进的路上，即使心中满是苦涩，正面思维也会告诉我们这只是暂时的，要相信风雨过后终会有美丽的彩虹。伤心时，正面思维会提醒我们不要哭泣，要留住心中的宁静与淡然，凝聚坚强，守护一份澄明的心境。

内在动力是我们每个人与生俱来的力量，是一种追求满足、享受、幸福生活的原动力。虽然它无形，但却一直在不知不觉中影响着我们的言行。在适当的条件下，只要我们懂得挖掘这种动力，几乎每个人都能做出令人惊叹的成绩。

机会对每个人都是均等的。只要我们不为自己的失败找借口，懂得挖掘自己潜藏的动力，找到自己的优势并大胆展现，不向困难低头、不向对手投降、不向自己服输，我们就能成为最后的赢家。

理想的实现需要持之以恒的坚持。当自己陷入困境时，别忘了为自己鼓劲儿。用正面、积极、建设性的思想替代负面的思想，将命运牢牢掌握在自己手中。让明媚的阳光照亮我们的行程，以正面思维点石成金，搬开前进路上的绊脚石，实现自己的人生理想。

看淡名利，拥抱简单生活

在人生的长河之中，生命无疑是一场丰富多彩的旅行。名，作为一种荣誉与地位的象征，常常与利益紧密相连。

诚然，人们适度地追求名利，以改善生活品质，这本无可厚非。然而，若将名利视作生命的全部，过分看重，势必会陷入名缰利锁的困扰与束缚之中。

在这个世界上，或许不存在不为名利所动的人，但确实有能够善待名利的智者。他们之所以能做到这一点，是因为他们拥有一种超凡脱俗的品质，那就是淡定与淡泊。

有得必有失，有进必有退，得失之间，总是相伴相随。人们获取任何事物都需要付出代价，而关键在于这种付出是否值得。

很多时候，名利就如同捆绑在人身上的绳索，令人痛苦不堪。尽管人们深知其束缚之苦，却往往不愿或不敢挣脱。而那些智者，则能洞察名利背后的危机与隐患，选择远离名利，解开束缚，将功名利禄置之度外，追寻自己内心真正渴望的简单生活，享受怡然自得的乐趣。

在现实生活中，不乏这样的人：在名利尚未到手之前，他们拼尽全力，苦心经营，甚至将名利视为生命的支柱，孜孜不倦地追求；而一旦名利到手，他们又开始患得患失，谨小慎微，生怕失去已有的荣耀。这些过分追求名利的人，常常将自己折腾得身心疲惫。他们之所以甘愿承受如此折磨，正是因为缺乏淡泊名利、笑看人生的心态。

其实，很多人之所以在生活中执迷不悟地追求那些不必要或多余的东西，往往是因为他们过于看重结果，而忽略了过程中的快乐与满足。然而，很多时候，结果却往往事与愿违，让人白白辛苦一场，一无所获，甚至筋疲力尽。

事实上，只有摆脱名利的束缚，追求简单的生活，才是明智而快乐的选择。一个人若能有名誉感，便会有进取的动力；同时，他也会有羞耻感，不愿玷污自己的名声。然而，任何事物都不能过度追求。若有人为了获取更多的财富、更高的名誉和地位而不择手段，最终只会声名狼藉，得不偿失。

一个人的欲望是有限的，那么外界的物质对他来说就不会产生太大的诱惑；而若一个人的欲望无穷无尽，那么他永远也不会感到满足和快乐。若一个人被名利所驱使，一心想着往上爬、挣大钱、出人头地，那么他的欲望会不断膨胀，永远追求着名利，直至生命的尽头仍然不满足。

因此，我们应该从自我的小圈子里跳出来，从欲望的束缚中解放出来，看淡名利，追求简单的生活。人生一世，更为重要的是为了家庭的和睦、自我人格的完善而认真做事。只要我们为社会做出了贡献，就证明了我们活得有价值，就会自然获得一定的荣誉和尊重，从而享受到人生真正的快乐与幸福。

让快乐成为生活的主旋律

在人生的舞台上，我们的情感犹如五彩斑斓的画卷，交织着"喜怒哀乐"的旋律。而"喜"之所以常常被置于首位，或许是因为每个人内心深处都渴望着以笑容迎接每一个黎明与黄昏。面对生活的琐碎与挑战，我们依然可以选择以乐观的心态去拥抱每一天。

人的感性特质，使得我们在面对选择时常常感到困扰。但实际上，生命的本质并不复杂，关键在于我们如何选择生活方式。让快乐成为生活的常态，以最美的姿态迎接每一天，这看似简单，实则颇具挑战。然而，正是这份挑战，让我们更加珍惜那些能够让我们开怀大笑的瞬间。

当我们将快乐视为一种习惯，便会发现它的力量是如此强大。它不仅能点亮我们内心的光芒，还能照亮周围的世界。即使面对太阳的东升西落、月亮的阴晴圆缺，以及世间的悲欢离合，我们也能以一颗平常心去淡然处之。因为快乐，我们学会了宽容与理解，学会了在生活的点滴中寻找幸福的痕迹。

开心与不开心，都是生活的一部分。但既然我们有权选择，为何不选择以快乐的心情去度过每一个 24 小时呢？面对困难和挑战，我们或许无法立即展露笑颜，但我们可以学会调整心态，以最快的速度从阴霾中走出。

人生路上，我们总有学不完的知识、领悟不透的真理，以及不期而遇的烦恼。但请记住，与他人和谐相处，更要与自己和解。在看待他人时，不妨多一分理解与包容，因为每个人的背景与经历都是独一无二的。同时，也要学会从他人身上汲取优点，将他们的不足作为自己的警醒。

快乐不仅仅是一种内心的感受，更是一种可以传递的力量。当你脸上洋溢着微笑时，周围的人也能感受到你的快乐与温暖。微笑，是世间最美丽的表情，它无须言语，就可拉近人与人之间的距离。

人生苦短，何必让烦恼与忧愁占据我们的心灵？让快乐成为生活的主旋律吧！它会让你的心灵变得更加洒脱与自由。别再与自己过不去，学会以一颗平和的心去迎接每一个日出与日落，让快乐成为你生命中最美的风景线。

解锁幸福生活的密码

人生之路变幻莫测,几无完美无缺的旅程。然而,乐观且聪慧的女性懂得如何去寻觅并放大快乐,借此驱散心中的阴霾。当她们遇到令人欣喜之事,会即刻与亲人和朋友分享,让这份快乐的情绪得以传递,感染更多的人。她们不会给自己和家人设置心灵的枷锁,更不会让琐碎小事萦绕心头,徒增烦恼。

面对生活中的种种不如意,女性当学会主动寻求快乐,适时激励自己,积极调整心态。其实,快乐俯拾皆是,时刻充盈于我们的生活之中:买到心仪的漂亮衣裳,品尝到盼望已久的美味佳肴,困倦时能美美地睡上一觉,想玩时可尽情释放自我,拥有心爱的宠物相伴,还有能无话不谈的知己……只要拥有其中任何一项,且能随心随性地享受,便都是快乐的理由。

生活中有诸多事物是我们无力改变的。与其徒劳地试图改变外在环境,不如先从改变自己入手。那些过度追逐名利的人,往往整日忧心忡忡,愁容满面,鲜见笑容。

当然,名利本身并非全然是坏事,它能够激发人的上进心。关键在于我们要如何树立正确的名利观。当我们在某项工作中取得成功时,倘若首先想到的是名利,而一旦未能如愿,内心便会失衡,进而产生消极、悲观、愤怒等不良情绪。

快乐的女性未必拥有丰厚的财富,但她们拥有闲暇时光与闲适的心境;或许你没有充裕的闲暇与闲情逸致,但你拥有力量、充沛的精力与体力、健康的体魄以及有价值的生命，还有聪慧的心智去创造愉悦与激情。对于快乐的女性而言，最为重要的是能够做自己钟爱的事情。

幸福是一种源自内心的心理感受，与年龄、性别以及家庭背景均无关联，它源于轻松的心境和积极的生活态度。我们要找寻快乐的一些方法：

建立自信。生活中的得失常常发生，直接影响着我们的心境。故而建立自信尤为关键。要坚信自己能够取得成功，时刻保持积极向上的精神状态。

正确认识人生和世界。拥有广阔的视野、豁达的胸襟以及独到的见解，是过上快乐、充实生活，懂得珍惜并享受人生的基石。即便偶尔因生理节奏、天气变化或健康状况而出现短暂的情绪低落，也能迅速恢复过来。

融入团体。在感到无聊寂寞之时，人极易胡思乱想，情绪低落。除了工作、学习以及家庭生活之外，融入团体生活不仅能够学会与人相处之道，还能让自己收获更多的快乐。

培养兴趣。人生丰富多彩，寻觅并培养兴趣爱好，不仅能让个人生活更加充实，还能使每一天都过得更具意义。

不抱怨生活。快乐的人并非拥有更多的快乐源泉，而是对待生活和困难的态度有所不同。他们从不纠结于"生活为何对我如此不公"之类的抱怨，而是致力于寻找解决问题的办法。

不贪图安逸。快乐的人总是勇于走出安逸的生活环境。

因为快乐往往是在付出艰辛努力之后才得以积累的感受。那些从不寻求改变的人，自然缺乏丰富的生活体验，也难以感受到真正的快乐。

感受友情。友谊是人类文明的重要象征之一。缺乏友谊的生活，会让人备感孤独寂寞。对待朋友，当秉持尊重、友爱、信任、互助的态度，让友谊保持纯洁且熠熠生辉。遇到不愉快之事时，多与朋友交流沟通，共同解决问题。闲暇之时，与朋友一起参与有意义的活动，充实生活。

勤奋工作。专注于某项活动能够刺激人体内多巴胺的分泌，使人处于愉悦的状态。工作既能激发个人潜能，赋予责任感，又能带来充实感。

树立生活理想。快乐幸福的人总是不断为自己设立目标。长期目标的实现往往能带来更为深厚的幸福感。不妨将目标写下来，明确努力的方向。

心怀感激。人的生存相互依存。抱怨者往往将精力集中在生活的不如意之处，而快乐的人则更关注那些令他们开心的事情。因此，他们能更多地感受到生活中的美好。对生活满怀感激之情，便能更真切地体会到快乐与幸福。

超越往昔，拥抱未来

在人生的旅途之中，我们时常会把过去的成功视作珍宝，将其光环与荣誉深藏于心底。然而，这般对过去的执着，却有可能化作束缚我们前行的枷锁，致使我们在原地徘徊，难以突破自我，事业与人生也会由此逐渐走向下坡路。

诚然，要放下那些历经千辛万苦才获得的成果，绝非轻而易举之事。但倘若我们始终紧紧抓住过去的成功不放，便难以将目光投向未来。那些曾经的荣耀，有时反倒会成为阻碍我们前进的绊脚石，让我们围绕其打转，无法迈出新的步伐。那么，过去的成功，真的就值得我们如此眷恋不舍吗？

居里夫人的故事，无疑为我们带来了深刻的启示。她不辞辛劳，从10吨废渣中提炼出1克镭，荣获诺贝尔奖等诸多殊荣。然而，她并未将这些奖杯、奖牌视为稀世珍宝，而是将其搁置一旁，甚至当作玩具送给孩子们玩耍。正是这份对过去的淡然超脱，让她在收获诸多奖项之后，仍能不断创造新的辉煌，为自己的人生书写出完美的篇章。

居里夫人事业常青的秘诀，就在于她敢于放下过去的光环，持续开创新的征程。反之，倘若她放不下过去的荣耀，总是自视过高，便会变得散漫懈怠，无法认真对待成功之后的研究工作，更谈不上再次创造辉煌。

所以，我们应当学会放下过去的成功，相信自己有能力再次迈向成功的新台阶。唯有如此,我们才能无惧改变,不计较一时的得失,努力调整自己的心态与情绪。学会平静地接受现实,学会顺其自然,学会坦然面对挑战与厄运,学会积极看待人生,学会凡事往好处想。只有敢于舍弃过去的成功,无论它曾经多么珍贵、多么光鲜亮丽,我们才能实现突破,才能在已有成功的基础上不断成长与成熟。

放下过去成功所带来的虚名与光环,我们在人际交往中将会更加坦诚相待,增进信任,消除隔阂,化解误会。这有助于优化我们的心理品质,强化道德情操与心理素质的修养,净化心灵,提升精神境界,拓宽胸怀。同时,我们也会更加信任他人,排除不良心理的干扰,摆脱错误思维方式的束缚,拓展思路,敞开心扉,增加心灵的透明度。如此,我们方能让成功再次攀升到新的高度。

跨越自卑,拥抱自信的成功之旅

在人生的各个阶段,面对不同的场景与人物,每个人或多或少都会滋生出自卑心理。这种心理的产生,或许源于过高的自我期望引发的失败感,或许是过分在意他人评价从而导致的自我价值怀疑,亦或是误解他人善意进而产生的自我否定,又或者是源于物质与精神生活上的攀比心理。尤其是完美主义者，更容易深陷自卑的泥沼。

　　自卑的人往往会低估自己的能力，习惯拿他人的长处与自己的短处做比较，进而陷入悲观与嫉妒的漩涡，成为人际交往中的障碍。他们缺乏安全感，意志薄弱，遇到困难便轻易退缩，惧怕他人的评价，不敢主动担当，最终只能在成功的大门前踌躇不前。

　　以 20 世纪 50 年代初的英国科学家弗兰克林为例，他虽从 DNA 的 X 射线衍射照片上发现了 DNA 的螺旋结构，却因生性自卑，对自己的发现心存怀疑，最终放弃了这一重要假说。而沃森和克里克两位科学家则在同一张照片上发现了 DNA 的分子结构，并立即向世人公布了 DNA 双螺旋结构的假说，因此荣获 1962 年度诺贝尔医学奖。弗兰克林因自卑而错失载入史册的机会，实在令人惋惜。

　　自卑与自尊、自爱、自励、自信、自强等品质背道而驰，它会阻碍我们冲破逆境，成为我们前进道路上的绊脚石。然而，强者之所以为强者，是因为他们善于战胜自己的软弱；伟人之所以伟大，是因为他们始终保持积极乐观的心态，比普通人更具自信。

　　清雅的故事便是一个从自卑走向自信的鲜活例证。她曾因觉得自己长得不漂亮而自卑，但在一次偶然的机会中，她戴上了一只蝴蝶结，得到了店主的赞美，从而重拾自信。虽然后来她发现蝴蝶结已经丢失，但她已然意识到自己的美丽。最终，她克服了自卑心理，自信满满地前往电视台应聘，并成功成为一名主持人。

自卑心理会束缚我们的聪明才智和创造力，使我们陷入自惭形秽的境地，丧失信心，进而变得悲观失望，不思进取。因此，我们必须搬开自卑这块绊脚石，克服它，才能朝着成功的目标重新扬帆起航。让我们跨越自卑，拥抱自信，开启一段充满希望与可能性的成功之旅。

第二章

重塑身心健康基石

健康的身心是我们逐梦路上的坚固基石,却常被忙碌的生活所侵蚀。在这一章,我们将一同探索如何驾驭情绪,实现自我疗愈。学会运用自我解嘲的智慧,平衡心灵的天平。果断摒弃不良生活习惯,积极拥抱健康生活,让活力重新洋溢。勇敢接纳不完美的自己,释放出独特的魅力。记住,抱怨如同隐形毒药,会悄然侵蚀你的幸福。心怀阳光,知足常乐,以健康的身心为人生之旅保驾护航。

身心健康是绽放自我的基础

在时光的长河中,女性恰似那细腻灵动的笔触,于生活的画卷之上精心勾勒出独树一帜的风景线条。我们对美怀揣着无尽的追求,渴望以最为动人的姿态屹立于世间。然而,真正意义上的美丽,绝非仅仅局限于外表的光鲜亮丽,其更深层次的内涵在于内心深处所涵养的那份宁静与坚韧,是身心健康相互交融所绽放出的绚烂色彩。

不妨想象一下,每个人的心灵皆宛如一座隐匿着无数奥秘的秘密花园。在这座花园里,我们犹如辛勤的园丁,精心播撒下希望的种子,而后用爱与温暖去悉心浇灌,静候它们生根发芽,进而绽放出最为绚烂夺目的花朵。而心理健康,恰似那洒落在花园里的阳光与雨露,它源源不断地为我们的内心注入充沛的力量,使得我们足以有勇气去直面生活中那变幻莫测的风雨与阳光。

对于女性而言,我们似乎天生便对情感的波动有着更为敏锐的感知。那些细腻入微的情感,恰似花园中娇嫩的花朵,需要我们给予更多的呵护与关注。我们逐渐学会了倾听内心深处那最为真实的声音,也懂得了在忙碌喧嚣的尘世生活中寻觅到一片专属于自己的宁静角落。在那里,我们能够毫无保留地放下所有的防备与伪装,让心灵得到最为纯粹的释放与安宁,仿若一只回归山林的飞鸟,重获自由与惬意。

身体，无疑是我们与这个广袤世界最为直接的连接纽带。它承载着我们的梦想与希望，犹如一艘航行在人生海洋中的船只，同时也忠实地记录着我们一路走来的成长与变化轨迹。一个健康的身体，就如同一段优美动人的旋律，能够让我们在生活的舞台上轻盈地翩翩起舞，淋漓尽致地展现出最为动人的姿态，散发出独特的魅力与光芒。

我们深知珍惜自己身体的重要性，因而会用健康的生活方式去精心呵护它。我们尽情享受运动所带来的快乐与自由，看着汗水在阳光下闪烁着晶莹的光芒，仿佛那是身体与活力的对话；我们格外注重饮食的平衡与营养搭配，将每一口食物都视作滋养身心的甘露，让身体从中汲取所需的能量与养分；我们也会确保拥有充足的睡眠与休息时间，让身体在每一个夜晚都能得到充分的修复与恢复，如同经历了一场温柔的洗礼，以全新的状态迎接新的一天。

在女性的生命旅程中，我们将会历经诸多特殊的时期，这些时期宛如生命长河中的重要转折点，既蕴含着挑战，亦潜藏着机遇，促使我们在不断应对与适应的过程中实现成长与蜕变。

在这些特殊时期里，我们更加需要以温柔之心去对待自己。我们要学会更加细致入微地倾听内心的声音，学会用满满的爱去包容与理解自己。与此同时，我们也会积极寻求来自家人、朋友以及社会各界的支持与关怀，让这份温暖的温柔化作我们前行道路上源源不断的力量源泉，助力我们顺利度过每一个特殊阶段。

在这个五彩斑斓的世界里,我们从来都不是孤单的个体。社会,宛如一个无比温暖的怀抱,时刻给予我们无尽的力量与希望,为我们提供广阔的发展空间与诸多的可能性。

身心健康,无疑是女性绽放美丽的坚实基石。它能够让我们的内心充盈着力量与宁静,使得我们的身体如同优雅的旋律般在世间灵动地舞动。在这个处处洋溢着爱与温暖的世界里,让我们学会以温柔之心对待自己与他人,齐心协力共同构建一个更加美好的家园吧。

让我们将身心健康视作一支灵动的画笔,以爱与温暖为那浓郁的墨汁,在生命的画卷之上精心勾勒出最为绚烂多彩的风景线。愿我们能够在岁月的长河之中,始终以最为优美的姿态绽放自我,成为那个独一无二散发着独特魅力的自己。

驾驭情绪,自我疗愈

在生活这幅绚丽多彩的织锦之中,女性常常被人们赞誉为情感的细腻编织者。我们凭借着敏锐的感知力,将生活中的点滴情感丝丝缕缕地编织进这幅织锦里。然而,与此同时,我们却也偶尔会感受到被情绪的波澜所肆意牵引,仿佛置身于一片波涛汹涌的海洋之中,难以自主把控方向。

但真正的力量恰恰在于，我们要学会成为自己情感海洋的领航员，而非被动地任由情绪驾驭自己。

科学研究已然揭示了"入静之境"的奥秘所在，它宛如一阵轻柔的微风，能够温柔地抚平因紧张与兴奋过度而变得紊乱的心灵湖面。当我们不慎陷入慌乱的情绪漩涡之中时，理智的灯塔便极易迷失于那片由恐慌所弥漫而成的迷雾之中，进而导致扭曲的事实与虚幻的想象如同鬼魅一般乘虚而入。

在此，为大家提供一些细腻入微且行之有效的方法，助力各位在情绪的浩瀚海洋中寻得一片属于自己的宁静之地。

尝试让全身的肌肉逐渐放松下来，如同解开紧绷的绳索一般，而后沉浸于那些能够深深触动心灵深处的轻松愉悦之事当中。当我们的心灵回归到平静的状态时，那些曾经看似沉重无比的烦恼与不幸，或许便会以一种全新的视角呈现在我们眼前，不再如先前那般令人倍感压抑与沉重。

我们应当坚决摒弃那些会让心灵蒙上尘埃的言语与行为，努力维持原有的生活节奏，让学习与工作的旋律能够继续悠扬地奏响。要时刻牢记，内心的感受与想象仅仅只是现实生活的片段而已，而真实的生活风景往往远比我们想象中的更加明媚灿烂。

在很多时候，我们所陷入的困境往往源自对自我以及现实状况的误解。故而，我们需要以一颗开放包容的心，全面且正确地去认识自己以及周遭的一切，这无疑是实现情绪稳定的重要基石。

当愤怒、恐惧、嫉妒等诸如此类的情绪如同风筝一般在空中肆意飞舞时，我们不仅要学会适度地收紧手中紧握的风筝线，避免让它们挣脱掌控而带着我们盲目地飞翔，更要在情绪的漩涡之中始终保持冷静理智，切不可轻易地做出冲动的决定，以免事后追悔莫及。

当面对生活中的困境时，不妨时常回望那些已然成功克服重重难关的人。要坚信自己的内心深处同样也拥有着这股强大的力量，勇敢地从内心深处挖掘自身的潜能，以无畏的勇气去直面挑战，相信自己定能跨越眼前的障碍。

此外，保持一种平衡的心态，就如同为自己铸就了一面抵御生活中突变风浪的坚固盾牌。

我们要学会接纳人性的不完美，将目光聚焦于自己能够把握的美好事物上，然后全力以赴地去追求与珍惜，如此方能收获内心的喜悦与满足之感。

在每一项成就的背后，往往都伴随着诸多的挑战与失败。我们应当正视这些不完美的存在，将它们视作成长的宝贵养分，从中汲取经验教训，进而助力自己更快地接近成功的彼岸。

对他人寄予过高的期望，就如同亲手为自己编织了一张难以挣脱的罗网。因此，我们应当适当地降低对他人的期望，让自己的心灵能够更加自由地呼吸，如此一来，幸福自然便会如轻盈的小鸟般主动来敲门。

自尊心固然是无比珍贵的，但我们无须让它坚硬如铁，以至于在面对某些特定的时刻时，全然不知变通。我们应当学会适度地退让，勇敢地承认自己的不足，如此方能让自己的心灵变得更加宽广豁达。

积极为家人、朋友送去温暖与帮助，让这份真挚的爱成为自己内心深处源源不断的力量源泉，它能够有效地减轻我们内心的烦恼与负担，进而帮助我们保持心灵的平衡稳定。

平衡心态的核心要点在于要对未知的情况做好充分的准备。当生活中的突变情况不期而至时，我们便能保持内心的平静如水，因为我们早已做好了最为充分的准备，能够从容应对一切挑战。

在这场意义深远的情感自我疗愈的旅途中，愿每一位女性都能够学会以温柔的方式驾驭自己的情绪，让自己成为心灵最为坚实可靠的依靠，在情绪的世界里自由驰骋，绽放出属于自己的独特光芒。

巧用自我解嘲，平衡心灵天平

自嘲，本质上是对自己身上所存在的一些小缺点或偶然发生的过失进行的一种善意调侃。它淋漓尽致地展现了我们的宽广胸怀与非凡智慧。当我们敢于大胆地进行自嘲时，周围的人往往也会以一种宽容和理解的心态来对待我们的这些过失。自嘲，恰似人际交往过程中的优质润滑剂，它能够让我们轻松自如地化解各种尴尬的场面，用欢快的笑声迅速拉近彼此之间的距离。在恰当且合适的时刻，若能巧妙地运用自我解嘲这一技巧，往往能够收获意想不到的良好效果。

就如同古代的石学士，有一次他骑驴不慎摔倒在地，在众人面前可谓是出了不小的丑。然而，他却能用一句幽默风趣的自嘲化解了这一尴尬局面："亏我是石学士，要是瓦学士，还不摔成碎片？"这句话一说出口，不仅让他自己忍不住笑了出来，还赢得了周围人的阵阵欢笑和由衷的敬佩。通过这一小小的事例，我们清晰地看到了面对困境时自嘲所展现出来的从容与机智。

在各种各样的社交场合中，自嘲就像是一把神奇的钥匙，能够巧妙地打开彼此之间原本紧闭的心门。胡适先生在讲课时，常常会将自己所发表的意见戏称为"胡说"。这种自嘲的方式不仅极大地活跃了课堂气氛，还成功地拉近了他与学生们之间的距离。由此可见，自嘲能够让我们在人际交往中更加游刃有余，轻松自如地应对各种情况。

同时，自嘲还是一种极为有效的矛盾化解剂。当我们的某些失误不慎引起了对方的不满情绪时，一句恰到好处的自嘲话语往往能够迅速化解对方的怒气。比如，在发现自己说错话之后，我们可以通过自嘲的方式巧妙地转移话题，将对方的注意力从我们的失误上巧妙地移开，这样既能充分保护对方的自尊心，又能有效地缓和紧张的气氛。

此外，自嘲还是一种高明的反击方式。当面对他人的讽刺或攻击时，我们可以通过自嘲来巧妙地回应对方，如此一来，既能充分彰显我们的自信与智慧，又能让对方顿时无言以对。就像著名排球运动员海曼在面对前男友（之前嫌弃海曼的肤色）的复合请求时，她用一句自嘲的话回应道："你是爱我的名气还是爱我这个人呢？如果是爱我这个人，我还是这么黑；如果是爱我的名气，那你去买球票看球吧！"通过这样的自嘲，海曼不仅充分展现了自己的智慧与自信，还让前男友无法反驳，只能悻悻而去。

自我解嘲，既是我们心灵的坚固盾牌，能够在遭遇挫折与困境时有效地保护我们的内心免受伤害；同时，它也是人际交往过程中的一门精湛艺术。它能够让我们在面对挫折时依然保持优雅的风度，用爽朗的笑声巧妙地化解尴尬的局面，用幽默的话语如同驱散阴霾的阳光一般，让周围的气氛瞬间变得轻松愉悦。自我解嘲，是一种独具魅力的语言智慧，它能够帮助我们在深陷困境之时，以自嘲的口吻为自己搭建起一座通往外界的桥梁，从而顺利地走出困境。

重塑活力，光芒四射

在众多的影视剧中，白领女性常常被刻画成身着名牌服饰、优雅地穿梭于精致办公大厦之间的形象，高薪与从容似乎为她们的生活增添了一抹令人向往的光环。然而，在这层看似光鲜亮丽的外表背后，却隐藏着因长时间高强度的工作以及亚健康状态所带来的疲惫与无力感。

想要彻底摆脱这种精神不振的亚健康状态，关键就在于持之以恒地坚持适度的运动。正如那句谚语所言："生命在于运动。"长时间坐在电脑前那种相对静止的工作方式，无疑是对生命活力的一种严重束缚。而运动的神奇之处在于，它不仅能够有效地促进体内新陈代谢的顺畅进行，保持身体的体力不衰，还能让女性在思维上变得更加理性与积极。同时，运动还能够促进血液循环的畅通无阻，使得肌肤容光焕发，而挥洒而出的汗水更是清洁毛孔深处污物的天然良药，能够让肌肤保持清爽与健康。

《吕氏春秋》中有云："流水不腐，户枢不蠹。形气亦然，形不动则精不流，精不流则气郁。"华佗也在《华佗传》中明确指出："人体欲得劳动，但不当使极尔。动摇则谷得消，血脉流通，病不得生。"这些古人的智慧话语无不强调了运动对人体健康的至关重要性。

因此，女性朋友们切不可因为工作繁忙、年龄增长或者体力有所下降等原因而轻易放弃运动。清晨，当那金色的阳光轻柔地洒入眼帘，不妨让我们以一场充满活力的运动来开启全新的一天。尽情地调动身体的每一个细胞，在汗水中真切地感受肌肤的焕新过程，让身心在运动中得到充分的放松与释放，仿佛重获新生一般。

职场女性的生活节奏往往忙碌而紧张，工作压力也常常超出负荷。在这样的环境下，女性的心情容易因一些琐碎小事而变得烦恼与紧张。而运动，恰恰正是那能够洗涤心灵复杂情绪、拒绝无序忙碌的一剂良药。在傍晚时分，不妨邀上三五好友或者独自一人前往操场，让运动成为我们释放压力、找回自我的有效方式。

适时地进行运动，能够让我们的精神状态焕然一新。在工作间隙，哪怕只是站起来舒展一下筋骨，活动一下身体，只需短短几分钟的时间，就能有效缓解身体的酸痛不适，达到提神醒脑的效果，同时还能起到预防肥胖的作用。上下班时，少坐一次电梯，多爬爬楼梯，这看似微不足道的举动，其实也是对身体的一种良好锻炼。

生命的发展离不开运动，运动是生命发展的动力和源泉。它不仅能够确保人体代谢过程的旺盛进行，还能让女性精神振奋、心境开阔、容光焕发。让我们以适度的运动作为忠实伴侣，让生命之树常青，让幸福之感充盈于心。生命不息，运动不止，让我们在运动中尽情绽放属于自己的光彩，书写属于自己的活力篇章。

摒弃陋习，拥抱健康生活

身为职场女性，我们确实有理由感到自豪并心怀感激，毕竟拥有一份能够自给自足且有力支撑家庭的工作，是许多人所向往的。在日复一日的忙碌奔波里，穿梭于熙熙攘攘的人流之中，周旋在灯火辉煌的应酬场合，疲惫感虽常常不期而至，悄悄侵袭着我们，但也正是在这紧张又充实的生活节奏下，我们深切体悟到了人生的价值与意义所在。

工作、忙碌以及从中收获的价值，共同为职场女性勾勒出了一幅看似绚丽多彩的生活图景。然而，当我们的体力、睡眠以及情感在繁忙的职场生涯中逐渐被透支时，一些不良的生活习惯便如同悄然滋生的藤蔓，不知不觉间缠上了我们，有时甚至让我们深陷其中却浑然不觉。

在都市职场生活的快节奏旋律中，越来越多的职场女性开始忽视早餐的重要性。忙碌的日程安排、时间的紧迫压力，又或是减肥等种种借口，都成了不吃早餐的"看似合理的理由"，可殊不知，这一行为正在悄无声息地损害着我们的健康。

早餐作为一日三餐中的重中之重，其重要性无论怎么强调都不为过。经过一夜的睡眠，我们的身体犹如一台亟待补充能量的机器，急需丰富多样的营养来迎接崭新的一天。早餐不仅能够为我们的身体提供所需的能量，使其能够精力充沛地应对接下来一天的工作与学习任务，还在维持身体正常代谢、保持身体健康等方面发挥着至关重要的作用。

近年来，众多专家通过大量的事例对比研究发现，那些坚持养成良好早餐习惯的女性，相较于不吃早餐或随意应付早餐的女性，更不容易出现发胖的情况。而那些忽视早餐的女性，由于营养摄入的不足，在饥饿感的驱使下，往往会在后续选择一些油腻的食物来弥补，这不仅对减肥毫无益处，反而会增加患上糖尿病和冠心病等疾病的风险。

更需明确的是，不吃早餐根本无法达到减肥的预期效果。营养学家们经过深入研究指出，早餐在人体内是最不容易转化为腹部脂肪的。所以，那种企图通过不吃早餐，然后期待午餐来补偿能量摄入的做法，往往会导致午餐时摄入过多食物，进而形成恼人的肚腩。

一份精心准备的早餐，就如同开启美好一天的钥匙，它能够决定我们一天的好心情。它不仅能助力我们在体力最为旺盛的时间段内，更好地消耗掉一天内所摄入的各种营养精华，而且还是维持一天好胃口和好心情的起始点与延续线。

职场女性虽然心里明白多喝水、多吃水果和蔬菜对身体有益，但仍有不少人会选择用零食来代替正餐。然而，大部分零食都存在着缺乏维生素与矿物质的问题，根本无法满足身体对于正常营养的需求。长此以往，身体的各项机能可能会受到影响，导致健康状况出现隐患。

此外，长时间在电脑前伏案工作，缺乏必要的运动，已然成为职场女性群体中普遍存在的通病。这种久坐不动的工作方式，不仅会对身体健康造成诸多不利影响，比如引发颈椎、腰椎等部位的疾病，还会使得心情变得浮躁、缺乏耐心与毅力。据世界卫生组织的研究结果显示，久坐不动已经位列导致死亡和残疾的十大原因之一，这无疑为我们敲响了警钟。

因此，职场女性应当清醒地认识到，良好的工作习惯绝不应仅仅局限于工作任务本身的完成。在处理日常工作的同时，我们必须给予自己的身体与大脑足够的关注，适时地走出办公室，呼吸新鲜空气，保持积极向上的心态，让身心都能在忙碌的工作中得到适当的调适。

在工作过程中，我们要坚决摒弃那些不合理的饮食习惯，比如不吃早餐、以零食代正餐等，以及久坐不动的工作方式等陋习。通过增加运动、保持充沛的精力，从而能够更加快乐、高效地投入到工作当中。

总之，作为职场女性，我们应该彻底摒弃"不饿不吃饭、不渴不喝水、不累不知歇"的态度，以及不良生活习惯，并逐步养成良好的生活习惯，只有这样我们才能够拥有健康的身体，进而为事业的成功奠定坚实的基础。让我们用良好的生活习惯来悉心滋养我们多姿多彩的幸福人生。

接纳不完美，释放真我魅力

拥有独立思想的女性，总能在为人处世之际展现出别具一格的非凡魅力，令男性也不禁为之刮目相看。她们以独特的视角去审视世界，凭借坚定的立场来诠释生活的多样与深邃，宛如夜空中闪烁着独特光芒的星辰，在人群中散发着别样的吸引力。

人类天生便倾向于与那些阳光开朗的人为伍，毕竟忧郁愁闷的情绪犹如一幅幅黯淡无光的画卷，难以在他人心中激起共鸣的涟漪。在人生的每一个时刻，我们都应当努力成为情绪的主人，而非被情绪肆意奴役。切不可让情绪随意左右我们的行动方向，而要学会巧妙地驾驭情绪，无论身处何种艰难的境遇，都要竭尽全力去掌控周围的环境，如同在黑暗中点亮一盏明灯，从困境的黑暗中奋力挣脱出来。一旦我们鼓足勇气，毅然面向光明，那些笼罩在心头的阴影便会无处遁形，消散于无形之中。

逆境中的乐观者，相较于那些轻易在困境中崩溃的人，往往能够收获更多。他们身上具备着成功的潜质，更容易在茫茫人海中脱颖而出。而那些面对困境便沮丧消沉的人，往往很难达成自己设定的目标。在这个现实的社会中，并不会为那些郁郁寡欢、绝望沉沦的人预留出一席之地。持续散发负面情绪的人，只会让周围的人对其敬而远之，难以与之建立起良好的关系。

思想的不健康状态，犹如一道坚固的屏障，会严重阻碍我们前行的步伐。沮丧的情绪更是会让人不由自主地质疑自己的能力，仿佛在内心深处投下了一片阴霾。其实，生命中的每一个挑战，都需要我们鼓足勇气、满怀信心，并且秉持着乐观的态度去积极应对。然而，逆境、沮丧或是危险等情况出现时，恐惧、怀疑和失望等负面情绪往往会趁机而入，如同汹涌的潮水般冲击着我们的意志，甚至有可能将我们多年精心规划的蓝图毁于一旦。许多人就如同被困在井底的青蛙，辛辛苦苦地攀爬，可一旦失足，便会坠入那无尽的绝望深渊之中。

要想突破眼前的困境，首先要做的便是彻底清除内心深处的负面情绪，让自己的意志变得更加坚定。只有拥有正确的思想观念和坚定不移的信心，我们才能够真正战胜逆境。那些思想成熟的人，往往能够在面对困境时迅速调整自己的心态，轻松摆脱忧愁的束缚。但遗憾的是，大多数人却难以做到排除忧愁，去欣然拥抱快乐；难以消除悲观的情绪，进而接纳乐观的心态。他们仿佛将自己的心门紧闭，在困境中苦苦挣扎，却始终无果。

当我们陷入忧郁沮丧的情绪之中时，应当努力尝试去改变周围的环境。不要一味地沉溺于那些痛苦的问题当中，而是要让快乐的情绪尽可能地占据我们的心灵。对待他人，要始终保持真诚亲切的态度，传递出快乐的话语，用积极的情绪去感染身边的每一个人。如此这般，笼罩在思想上的阴霾终将渐渐散去，温暖的阳光也会重新洒满我们的人生之路。

养成多想好事的习惯，主动进入那些能够让自己感兴趣的生活环境当中，积极寻找可以带来快乐和激励的娱乐方式。有的人能够从家庭的温馨氛围中获得无尽的快乐，有的人则从丰富多彩的社交活动、沉浸于书籍的阅读世界或是亲近自然的过程中汲取到强大的力量。那清新宜人的乡间小路，往往是心灵的绝佳疗愈之地，有时候仅仅是一次简单的散步，便能让心情焕然一新。

当心情处于沮丧状态时，切记不要去处理那些重要的问题，也不要轻易做出重大的决策。因为在负面情绪的笼罩下，我们的思维很容易产生偏见，进而导致做出错误的判断。那些精神上受到挫折的人，固然需要他人的安慰，但只要自己愿意付出努力，便能够扭转局面，重新收获成功。在绝望和沮丧的困境中保持理智和乐观，确实并非一件易事，但也正是在这样的艰难时刻，方能真正展现出一个人的成熟和其内在所蕴含的精神力量。

当事业发展不顺，身边的朋友纷纷劝你放弃时，唯有坚持努力，方能展现出自己真正的才学与实力。许多年轻的作家、艺术家或是商人，在职业发展遭遇挫折之后，便转而从事一些并不适合自己的职业，最终逐渐失去了对原本事业的兴趣，只能勉强维持生计。他们之所以会做出这样的选择，往往是因为害怕再次失败，进而遭受他人的嘲笑。但真正的勇者，会在逆境中坚守自己的信念，凭借着自身的实力和顽强的毅力，去证明自己的价值所在。

许多初涉人世的年轻女子，在遭遇挫折之时，往往会涌起对家乡的深切思念，进而选择放弃自己正在打拼的职业，离开繁华的城市，重新回归故里，重拾那些她们曾经发誓要摆脱的传统生活轨迹。然而，她们却未曾意识到，胜利的光芒往往就在坚持下去的下一瞬间便会绽放，而她们心心念念的职业梦想，或许也会因此而变得触手可及。

无论周遭的人如何选择放弃或是退缩，我们都应当坚守自己内心深处的信念，坚定不移地勇往直前。即便眼前是一片混沌迷茫、充满未知的景象，我们也应持之以恒、不懈努力。正是这份坚韧不拔的精神，铸就了那些创造者、发明家以及所有伟大人物的辉煌成就。

在日常生活中，我们时常会听到一些年迈者发出这样的感慨："倘若当初我能坚持那份初心，不畏挫折，矢志不渝地前行，或许今日的我已经成就斐然。"太多的人在晚年之时，只能在壮志未酬的遗憾与悔恨中度过，而这种遗憾与悔恨，往往源于年轻时缺乏坚定的意志，一旦遇到挫折便轻易地退缩。

无论前路看起来是多么的暗淡无光，心中又是多么的愁云密布，我们都应当耐心地等待忧郁的阴霾渐渐散去，然后再对那些重大的事件作出审慎的决断与抉择。对于那些需要深思熟虑的重要问题，我们必须保持最为清醒的头脑和最为敏锐的判断力。在悲观沮丧的时刻，切勿轻率地作出关乎人生转折的重大决定，这些重大决策最好是在身心愉悦、充满阳光的时刻进行。

当我们的思维陷入混乱，精神遭受重创之时，往往是一个人最为脆弱的时刻。在这种状态下，由于精神无法集中，我们最容易做出错误的判断与糟糕的计划。因此，如果需要制定计划或作出决策，务必等到头脑清晰、心神安定之时。在恐惧或失望之际，人的洞察力与判断力往往会大打折扣。因为健全的判断源于健全的思想，而健全的思想又离不开清晰的头脑与愉悦的心情。所以，在忧虑沮丧的时刻，切莫轻率地作出任何决定。

保持态度的镇静、精神的乐观以及心智的理性，是消除沮丧、克服忧虑、实现健全思考的关键所在。因此，我们必须在头脑清醒、思想健康之时，再对重大事项作出决定。

抱怨是侵蚀光彩的隐形毒药

抱怨，恰似一剂无色无味却极具杀伤力的毒药，它不仅悄无声息地侵蚀着抱怨者自身的内心世界，还会如同一团阴霾，在不知不觉间悄然影响着周围的人和事。当朋友之间的对话充斥着无尽的抱怨：对生活的不公、工作的不顺、家庭的不和等，那份原本应有的温馨与快乐氛围便会逐渐消散于无形之中。抱怨者所传递出的负能量，如同一张无形的网，紧紧笼罩在每个人的心头，让人心生厌倦之感，变得焦躁不安。人生，本应是一条清澈欢快的河流，何必让抱怨的泥沙使其变得浑浊不堪呢？

面对生活中的波折起伏，有些人会选择通过自我调节的方式来应对，比如以美妙的音乐抚慰自己的心灵，以大声地呐喊释放内心的压力，以尽情地运动挥洒身上的汗水。然而，另一些人却倾向于将内心的不满情绪倾泻于他人身上，起初或许只是单纯地寻求一种慰藉，但久而久之，这种行为便演变成了无休止的抱怨。这些抱怨，或许并没有真正起到排解内心郁闷的作用，反而让负面情绪更加根深蒂固地扎根于脑海之中，使得原本想要摆脱的烦恼变得更加难以消除。

更为严重的是，抱怨不仅会侵蚀人的思想，还会对健康造成严重的危害。负面情绪就像是一把无形的枷锁，紧紧束缚着人的身心，尤其是对睡眠质量的影响尤为明显。对于女性而言，良好的睡眠是美丽与健康的基石。一旦受到失眠的困扰，人便会精神萎靡、面容憔悴，工作效率也会大打折扣，甚至会威胁到整体的健康状况。其实，排解负面情绪的方法多种多样，何必非要让抱怨成为伤害身心的罪魁祸首呢？

那么，究竟什么样的人更容易陷入抱怨的漩涡呢？年轻人，尽管他们拥有着多种多样的娱乐方式，但在面对高压的工作与生活压力时，有时也会难以承受，进而选择以抱怨来发泄内心的不满。比如，面对苛刻的上司、繁重的工作任务，他们或许会在聚会等场合中滔滔不绝地诉说着自己的不满与厌恶之情。然而，这样的发泄方式并没有改变现状，反而使得朋友逐渐疏远。因为真正的解决之道，在于反思自我，而非一味地指责他人。

步入中年的女性，则更容易因为家庭与金钱方面的问题而抱怨。与子女的代沟、生活习惯的差异等，都让她们感到疲惫不堪。然而，抱怨并不能解决这些问题，反而会让心情变得更加沉重。她们需要明白，真正的改变，源于内心的接纳与理解，而非无尽的指责与抱怨。

因此，让我们学会放下抱怨的包袱，以积极的心态去面对生活中的各种挑战。用理解与包容的态度去化解矛盾，用智慧与勇气去迎接未来的生活。如此一来，方能让人生的河流重新恢复清澈与欢快，让光彩再次照耀我们的世界。

在塞万提斯的经典小说《堂·吉诃德》中，侍从桑丘面对不幸时，总是满腹牢骚，抱怨连连。然而，这些抱怨并没有改变他的命运，反而让他深陷在悲伤的情绪之中，令人心生厌烦。偶尔的发泄或许情有可原，但持续的抱怨却如同一个无底深渊，吞噬着生活中的美好。尤其是一些女性，似乎总认为全世界都在与自己为敌，生活中的不如意如影随形。她们在与人交谈时，总是喋喋不休地抱怨，这不仅令人反感，更让自己陷入无尽的痛苦之中。

就拿静来说吧，她婚前是一个温婉美丽的女子，婚后却陷入了无尽的抱怨之中。她原本拥有令人羡慕的爱情与婚姻，然而，随着岁月的流逝，她开始对家庭、对丈夫产生了诸多不满。她的抱怨如同毒药，一点点侵蚀着原本美满的婚姻，最终导致了婚姻的破裂。

在大学时期，静是众多男生心中的女神，成绩优异，追求者众多。然而，她却选择了相貌平平的枫。枫性格温和，为人诚实正直，虽然家境殷实，但相貌并不出众。最初，静并没有在意这些，两人甜蜜地度过了最初的几个月。然而，随着时间的推移，静开始抱怨枫的不解风情、不关心自己、不注重卫生，甚至嫌弃他的相貌。尽管如此，毕业后两人还是步入了婚姻的殿堂。

然而，婚后的生活并未如静所愿。她继续抱怨着枫的忙碌、应酬、邋遢，这些抱怨如同沉重的包袱，压得她喘不过气来。终于，枫开始逃避这个充满抱怨的家。

试想一下，当静在抱怨枫时，她真的快乐吗？答案显然是否定的。因为抱怨就像是一把双刃剑，既伤害了别人，也刺痛了自己。只有放下抱怨的包袱，才能真正感受到生活的轻松与愉悦。

生活本就充满了不如意与缺憾，我们无法改变这个事实，但可以改变看待它的态度。"每个人的一生中都难免有缺憾和不如意，但我们可以改变的是看待这些事情的态度。"女性要想生活得快乐幸福，就要学会包容与理解，放下那些不必要的抱怨与挑剔。

与其将时间浪费在抱怨上，不如用来提升自己、享受生活。泡个热水澡、做个面膜、换个发型、读一本好书、来一次旅行、买一件心仪已久的衣服……这些都能让你变得更加魅力四射。当你站在镜子前，看到自己由内而外散发出的自信和光彩时，你会感到无比的喜悦与满足。走在街上、待在办公室里，你会收获行人或同事欣赏的目光与赞美的话语。这时你会发现，生活其实并没有那么糟糕，只要你愿意改变心态、积极面对。

对于那些习惯抱怨的人来说，生活就像是一道道难以逾越的墙；而对于那些从不抱怨的人来说，生活则是一道道充满挑战与乐趣的门。他们总是能够调动智慧与资源，找到开启门锁的钥匙，从而不断提升自我、扩展人脉、舒展人生的格局。

阳光洒满心田，知足拥抱幸福

在人生的漫漫旅途中，若一个人的心灵犹如孤舟一般，长久地在黑夜的茫茫海洋里漂泊不定，始终得不到阳光那温暖光芒的指引，那么其结局注定是会渐渐沉沦于无尽的黑暗深渊之中。时光恰似那匆匆流淌的潺潺溪水，一去不复返；生活则如同一曲悠扬婉转的动人歌声，在岁月的长河里不断回响。而我们若期望生活能够充盈着意义与价值，就必须要学会精心塑造一种如阳光般明媚灿烂的积极心态，让自己的心灵能够尽情地沐浴在那温暖宜人的阳光之下。

我们仿佛是生长在这纷繁复杂世界之中的稚嫩幼苗，周遭肆意滋生的杂草，总会在不经意间对我们的成长形成阻碍，进而影响到最终的"收成"。同理，一颗阴暗晦涩的心灵，就像是一座无形的牢笼，会将我们紧紧囚禁其中，让我们深陷于抱怨、不满与气愤的泥沼而无法自拔，使得那些痛苦的过往回忆如无情的魔爪，肆意剥夺我们当下本应享受的快乐时光。

唯有当我们让心灵洒满阳光，方能以一颗宽容豁达的心去正视过去所遭受的种种伤害，能够毫无负担地轻松拥抱当下生活中的每一个珍贵瞬间，并且懂得用心去珍惜生活里的每一个细枝末节。每当遭遇挫折之时，我们可以从中总结宝贵的经验，悉心吸取深刻的教训，进而领悟蕴含其中的人生道理，巧妙地将过去历经的苦难或是失败，转化为助力我们迈向成功的坚实铺路石，让曾经承受过的痛苦成为奠定未来辉煌的基石。

一个内心充盈着阳光的人，往往会习惯性地去发现生活中那些被他人忽视的美好之处，并且始终能用一种积极向上的眼光去看待工作与生活里的一切事物。他们深知接纳自己、包容他人以及欣然接受生活原本模样的重要性，懂得珍惜这来之不易的生命，坚信生命的存在本身就是一种无与伦比的完美。在欣赏他人闪光点的同时，他们的内心满是感激之情，对工作与生活都怀揣着炽热的热爱，由此形成了一个良性的积极互动循环。

拥有如阳光般积极乐观的心态，我们才能够与同事、朋友建立起真挚深厚的情谊，能够以欣赏的目光去发现他人身上的优点以及他们为彼此关系所付出的努力。即便是面对一些看似微不足道的小事，我们也会心怀诚挚的感激与感恩之情，进而广结良朋，与每一位朋友都展开真诚坦率的沟通交流。这就如同是缓缓打开了一扇扇通往外界的明亮窗户，透过这些窗户，我们得以窥探到一个绚丽多彩、令人心驰神往的美妙世界。

有时候要学会适当"糊涂"一点儿，让自己的心能够如同轻盈的羽毛一般，随风轻轻摆动、随雨静静飘落。在大事上保持清醒明白，在小事上不妨适度"糊涂"，这实则是一种蕴含着人生大智慧的处世哲学。与此同时，我们也要学会活得潇洒自在一点，拥有一个良好的心态至关重要，做人要拿得起、放得下，做事亦是如此。

要知道，人生在世，有得必有失，有付出自然就会有相应的回报。虽说有时我们的付出未必能立刻换来期望中的回报，但我们也应当想得开一些，切不可过于苛求自己。毕竟，生命的轨迹总是遵循着它自身的轮回规律，上天对每一个人都是公平公正的，它给予每个人的机遇与挑战大体上是均等的。人生苦短，何不让我们就这般潇洒从容地走一回呢？

让自己活得快乐一点吧，珍惜眼前属于自己的生活与宝贵生命，尽情享受这独一无二的人生旅程。过去的种种，就让它如同过眼云烟般飘散而去吧，要始终坚信希望永远都在那未知的未来之中。做人就是要让自己时刻保持快乐的心境，让心灵能够如同自由的鸟儿一般，在广阔的天空中无拘无束地飞翔，忘却所有曾经的痛苦与烦恼，做一个真正快乐的自己。尝试着去忘记年龄的束缚、名利的诱惑、怨恨的纠葛，让心灵拥有一片如诗如画般纯净澄澈的湖泊，倒映出生活中最美好的模样。

一个内心被阳光填满的人，始终坚信风雨过后，天空必将绽放出那道绚丽夺目的美丽彩虹。他们从不吝啬于展露自己的微笑，懂得在心底最深处去寻觅那份宁静与淡然，能够凝聚起内心的坚强力量，守护住那一片如明镜般澄明的心境，用心去感悟生命历程中的每一处点滴美好。当一缕缕温暖的阳光折射进心底深处，一份份淡泊宁静与美丽动人便会悄然停留在心湖之畔。正是因为他们懂得珍惜生活中的每一份美好，所以在他们的生活里，总会比旁人多一缕那如阳光般温暖人心的光芒。

在我们这短暂而又漫长的一生中，痛苦与快乐就如同形影不离的亲密伙伴，始终如影随形。恰似那娇艳的花朵总有凋零飘落之时，我们也要学会在阳光的温柔照射下，静下心来聆听自己内心的声音，用欣赏的目光去打量自己。尽情地张开双臂，去热情拥抱大自然所赐予的亲切与田园风光所散发的清新气息，让自己的心中悠悠飘荡着那宁静祥和的韵律。抛开那些萦绕在心头的烦恼与忧愁，让心中缓缓升腾起那无尽的幸福感。给生命赋予一份恬静安然与美好期许，始终坚定不移地坚信明天一定会更加美好。无论面对何种艰难险阻，都绝不轻言放弃，要始终保持微笑去勇敢面对生活中的一切挑战，扬起那象征着希望与勇气的生命风帆，让心中那轮如骄阳般炽热的太阳高高升起。让温暖的阳光照亮我们的心房，使我们精神振奋、敞开心扉、与人为善、笑对人生。

当我们拥有了这种阳光般的心态，我们的生活便会自然而然地少去一分烦恼与狭隘，多增添一分快乐与幸福。如此一来，便能让我们生命之树得以常青不衰，让我们的心灵始终洒满那温暖宜人的阳光与无尽的温暖。

第三章

重启人际情谊网络

人生的漫漫长路，离不开他人的陪伴与支持。本章将告诉你，微笑是开启人际交往的万能钥匙，它能照亮你前行的道路。你将学会编织人际纽带，未雨绸缪地积累人脉，从而让生活更加从容。同时，掌握拒绝的艺术，守护属于自己的空间。爱是温暖的星光，照亮我们的人生，在爱中成长，捍卫女性的独立与尊严。有知己相伴，奏响心灵的美妙乐章，让人生之路不再孤单。

借微笑之光照亮绚烂人生路

微笑，宛如一束能穿透心灵重重阴霾的璀璨阳光，又似一剂能让愤怒的火焰瞬间熄灭、让焦虑的波涛即刻归于平静的心灵镇静良方。那些常常对自我报以微笑的人，内心仿佛有一座永不熄灭的灯塔，始终充盈着温暖的阳光，照亮自己前行的每一步；而那些懂得对生活微笑的人，则仿佛踏上了一条通往精彩人生的梦幻之旅，沿途收获的皆是令人称奇的美好风景。

在人际交往的广袤天地里，微笑恰似一座坚固而美丽的桥梁，它能跨越人与人之间那无形的沟壑，瞬间拉近彼此的距离。当双方争执不下、气氛紧张得仿佛能拧出水来之时，只需一个饱含温度的微笑、一个充满鼓励的眼神，或者一句轻声安抚的话语，便能如魔法般化解那僵持不下的矛盾，让双方冰释前嫌，欣然握手言和。

微笑，这无须任何成本投入的神奇存在，却能创造出无限的价值，它当之无愧是人际交往中那最为动人、最美妙的语言。正如那句令人深思的箴言所说："微笑无须花费分毫，却能给予他人诸多馈赠；它能让获得者的心灵感受到富足的喜悦，却并不会让给予者变得贫穷。微笑虽只是短暂的瞬间，但它留在人们记忆深处的痕迹，却有可能成为永恒的璀璨。在这世上，没有一个人强大到可以对微笑不屑一顾，同样，也没有一个人贫穷到无法通过微笑使自己的心灵变得富有。微笑能为家庭带来温馨的氛围，为同事间播撒善意的种子，为友谊的纽带传递温暖的情谊，为疲惫的身躯带来慰藉的港湾，为沮丧的心灵带来希望的曙光，为悲伤的灵魂带来阳光的抚慰。"

当我们学会将微笑融入日常生活的点点滴滴，使之成为我们生命的一部分时，便会惊喜地发现，无论身处何种复杂多变的情境之中，微笑都能如同一颗颗闪耀的星星，为我们带来意想不到的美好效果。当心情愉悦之时，我们大方地绽放微笑，那笑容如同夜空中最耀眼的星辰，能让自己在人群中更加闪耀夺目；而当心情低落之际，更要紧紧握住微笑这把神奇的钥匙，因为它能够迅速帮助我们调整失衡的心态，如同一股清泉，洗净心头的阴霾，不让负面情绪如病菌般传播出去，影响到身边的人。

微笑，更是我们在面对生活困境时的一把利剑。在困难的崇山峻岭面前，若能保持一份冷静沉着的微笑，以无畏的勇气和从容的姿态去应对，那么所有的困难都将如纸老虎一般，在微笑的光芒下纷纷溃败，迎刃而解。让我们微笑着面对那些无端飞来的诽谤之词，微笑着直面那潜藏在暗处的危险，微笑着踏上那布满坎坷与曲折的人生之路。当我们用微笑去拥抱这个世界时，那些曾经经历过的艰辛与磨难，都将不再是我们前行的绊脚石，而是会转化为我们人生路上的宝贵财富，成为我们成长的垫脚石。

拥有豁达的生活态度，是对自我生命的一种至高无上的尊重，是为人处世中所展现出的深邃智慧与宽广胸怀的完美结合。豁达的人，就像那翱翔于蓝天之上的雄鹰，不会为生活中的些许得失而斤斤计较，不会因琐碎之事而烦恼忧愁，更不会陷入那无尽的忧愁泥潭之中无法自拔。他们懂得用微笑去面对生活的喜怒哀乐，以微笑展现出自己内心深处的坚强与从容，宛如一面不倒的旗帜，在生活的风雨中飘扬。

那些能够始终微笑着生活的人，无疑是幽默风趣且乐观积极的一群魅力使者。他们深知如何将内心的喜悦之情巧妙地传递出去，如同一股股温暖的春风，吹拂过每一个人的心田，感染着周围的人一起快乐起来。而培养自己的幽默气质，并非一件高不可攀的难事，只要我们用心去感受生活中的幽默元素，去捕捉那些稍纵即逝的幽默瞬间，并用自己的创意去将它们转化为能够让人开怀大笑的故事或话语，每个人都能成为传播幽默与快乐的天使。

热爱生活、懂得尽情享受生命每一刻的人，方能让自己的人生充满欢乐的阳光与璀璨的色彩。他们既是心地善良的天使，对大自然的一草一木都饱含热爱之情，对周围的每一个人都报以真诚的关怀与善意；又是高尚的精神贵族，因为他们明白只有付出真挚的爱，才能收获同等温暖的爱。所以，让我们懂得用自己的爱去换取别人的爱，在这爱的交织与循环中，让自己的人生更加灿烂辉煌。

在面对生活中的种种问题与挑战时，我们要学会像睿智的探险家一样，从不同的角度去审视它们，多去探寻那阳光灿烂的一面，切莫让自己深陷在那阴暗的情绪阴影之中无法自拔。当我们用不同的视角去看待问题时，就仿佛打开了一扇通往希望与惊喜的新大门，往往能发现那些曾经困扰我们的问题，其实都有着积极的一面。生活就是这样奇妙，你给它一个微笑，它就会回馈你一片明媚与阳光的天地。

当我们被生活的阴霾重重困扰时，不要陷入悲伤的深渊，更不要沮丧绝望、放弃希望。因为越是沉浸在那负面情绪的泥沼之中，就越难以找到微笑的力量源泉，心态和情绪也会随之愈发低落，如此便陷入了一个恶性循环的陷阱之中。此时，我们要懂得适时地放开那些束缚心灵的枷锁，让自己的身心轻松起来，努力去回忆一些曾经的快乐时光，让那久违的笑容重新绽放在嘴角。也许就在那笑容绽放的瞬间，困扰我们许久的问题解决方案便会在灵光一闪之际，清晰地出现在我们眼前。要明白，怨天尤人、坐以待毙对于问题的解决毫无帮助，倒不如用微笑去积极面对、去改变现状。

只有当心中充满快乐的源泉时，才能拥有那真正源自内心的微笑。生活中并非缺少快乐，只是我们常常缺少一双善于发现快乐的眼睛。所以，让我们用心去寻找快乐，从周围的环境中发掘那些被我们忽视的快乐元素。唯有懂得微笑的人，方能拥有一段绚烂多彩、如梦幻般美好的人生。

编织人际纽带，开启多彩人生

在那繁华喧嚣、车水马龙的现代都市丛林中，丰富多样的人际交往犹如一条条隐秘而又珍贵的路径，它们不仅意味着更多机遇的悄然降临，如同那隐藏在茂密丛林中的宝藏，等待着我们去发掘；更象征着一段充实而又绚丽多彩的人生旅程即将拉开帷幕。对于那些心怀壮志、渴望在事业上有所突破的女性而言，懂得如何精心编织并悉心维护自己的人际关系网络，无疑是掌握了一把开启成功殿堂大门的神秘金钥匙。

据职业规划专家的深入分析可知：在事业成功的诸多因素中，个人所取得的成绩仅仅占据了 10% 的比重，自我定位所占比例为 30%，而那看似无形却又至关重要的关系网络，竟然占据了高达 60% 的比重！由此可见，人际关系网无疑是成就理想事业的核心关键因素。

在好莱坞那星光熠熠的舞台背后，流传着这样一句意味深长的话："一个人能否成功，不在于你知道什么，而在于你认识谁。"这句话绝非是在否定专业知识的重要性，而是以一种更为直白的方式强调了人脉对于个人成功的巨大推动作用。人脉，就如同一张珍贵无比、通往财富与成功的神奇门票，它为个人的发展提供了无限广阔的可能空间。

不妨以美国老牌影星柯克·道格拉斯的传奇人生经历为例，在他年轻之时，曾一度落魄潦倒，仿佛置身于人生的黑暗谷底，前途一片迷茫。然而，一次偶然的火车之旅，却成为他人生的转折点。在那次旅途中，他与身旁的一位女士偶然攀谈起来，谁能想到，这看似平常的一番闲聊，竟聊出了他人生的重大转机。几天后，他便收到了制片厂的邀请，前往报到，而那位女士，正是业内知名的制片人。这个充满戏剧性的故事，无疑在向我们诉说着一个深刻的道理：即使你自身才华横溢，仿若一匹千里马，但若没有遇到赏识你的伯乐，也难以真正展翅高飞，实现自己的人生价值。

然而，对于众多女性而言，拓展人际关系网络却常常像是一座高耸入云、难以逾越的巍峨大山。她们往往因羞涩而怯于展示自己的交际能力，更不愿主动迈出那与陌生人交谈的第一步，尤其是在诸如聚会等热闹非凡的社交场合中。但倘若你怀揣着对成功的渴望，想要拓展自己的社交圈，就必须鼓起勇气，放下那束缚自己的羞涩之感，大方主动地与他人展开交流互动。只有那些懂得巧妙拿捏分寸、举止大方主动的女性，方能结识更多的人，并让更多的人认识自己，从而在人际交往的舞台上绽放属于自己的个人光彩。

有时候，那看似不经意的人际关系，往往就源自那些轻松愉悦的聚会场合。就拿刘芳来说，她在朋友圈中一直享有好人缘的美誉，其人际关系网不仅广泛，而且深厚牢固。当被问及如何拥有如此令人羡慕的人际关系网时，她坦诚地分享道："你们也可以做到的。多参加一些聚会，无论是规模宏大的大型聚会，还是温馨惬意的小型聚会。在聚会上，你会遇到来自不同层面、不同背景的人。只要你懂得如何巧妙地开启话题，与身边的陌生人亲切交谈，找到彼此的共同兴趣点，再互相留个联系方式，那么他就很有可能成为你人际关系中的重要一员。"

为了助力女性在聚会场合能够更加轻松自如地结交朋友、拓展社交圈，以下将为大家详细介绍建立人际关系的"五步法"：

第一步，锁定目标。目标，无疑是任何事物取得成功的基石与前提，人际交往自然也不例外。在准备参加各类社交活动之前，你应当先为自己精心设定一个明确清晰的目标。这个目标越是具体详细越好，因为只有在详尽的计划指引下，那错综复杂的关系网才能更容易地被联结起来。当你在选择想要认识的目标对象时，明确具体的定义能够为你省去许多不必要的麻烦，让你的人际交往之路更加顺畅。

第二步，建立联系。参加社交活动，无疑是一个绝佳的拓展社交圈的机会，你应当充分利用好这个难得的机遇。然而，倘若你事先没有制定扩展社交圈的计划，那么即便机会如同那送上门来的礼物般摆在你面前，你也可能会视而不见，与之擦肩而过。因此，在参加活动之前，你要事先认真思考自己希望认识哪些人，并提前收集一些可以与这些人展开交谈的相关信息。当身处热闹的社交场合时，要尽快适应环境，主动出击，至少与三个人展开热情的攀谈，让自己始终保持忙碌的状态，这样可以有效避免因无所适从而产生的尴尬与局促。

第三步，开口说话。语言，作为人类交流和沟通的重要工具，其作用不容小觑。无论你是想要寻觅一份心仪的新工作，还是打算购买一台性价比高的工具，在你不知道该如何去做的情况下，勇敢地开口求助无疑是最好的方法。利用语言来清晰地发布自己的需求信息，如果你需要别人的帮助，就明确诚恳地告诉朋友你的具体需求；如果你希望得到某些特定的信息，就大胆地开口询问。只要你态度诚恳真挚，并且平时在处理人际关系方面做得较为得当，一般情况下，只要你开口说话，就能达到预期的效果，实现自己的目的。

第四步，利用空闲。聪明的女性应当懂得巧妙地利用聚会过程中的各种空闲时间。无论是在正式庄重的派对场合，还是在温馨私密的私人聚会中，亦或是在聚会开始前的等待阶段、中间休息时、午餐时间，甚至是在飞机候机室里等待的时刻，都不要置身事外。这些看似零散的空闲时间，实则蕴含着丰富的社交机遇。你可以利用这些时间去结交同事、让领导对你更加熟悉，而对方也可能拥有你急需的信息。因此，千万不要小看这些时间，也不要以为对方会厌烦你的主动交往。可能周围的人也在等待的过程中希望能利用这些的时间来拓展自己的社交圈。

第五步，收集信息。参加聚会和各种活动的目的无非是为了认识更多的人、拓展自己的交际圈。在与人交谈的过程中，收集信息是最重要的一步。聪明的女性能够通过攀谈来获取对自己有用的信息。因此，在与别人交谈时，要仔细且积极地倾听，并主动提出自己的疑惑，把谈话引向自己希望的方向。这样便于收集那些对自己现在或将来有用的信息。

在快节奏的现代生活中，竞争无处不在。而人脉正是竞争中能否取胜的关键因素之一。牢固的人际关系不仅意味着成功机会的增多，更代表着丰盈而多彩的人生。因此，聪明的女性应该懂得如何编织并维护自己的人际关系网络，以便在事业上取得更大的发展。在现代社会里，人脉就是人生的财富。

在人际交往的过程中，我们还需注意一些细节。比如，要保持真诚的态度，不要虚情假意。只有真诚待人，别人才会愿意与你建立起深厚的关系。同时，要学会尊重他人的观点和想法，即便你不同意，也不要强行反驳，而是要以平和的心态去沟通交流。

此外，要记得及时跟进与他人的关系。在聚会结束后，如果你与某人交换了联系方式，那么不妨在合适的时间发个消息问候一下，或者约个时间一起喝杯咖啡之类的，这样可以让关系更加稳固。

再者，要学会包容他人的不足。每个人都有自己的优缺点，当你发现别人的不足时，不要急于指责，而是要以宽容的心态去看待，这样会让你在人际交往中更受欢迎。

总之，建立和维护良好的人际关系需要我们用心去经营，不断地付出努力。只有这样，我们才能在事业和生活中都收获满满的幸福和成功。

未雨绸缪织人脉，优雅从容御风雨

在这纷繁复杂、变幻莫测的人世间，人情世故犹如一张细密交织的大网，<u>丝丝缕缕都牵扯着生活的方方面面</u>。友情，则似那网中流淌的潺潺细水，需我们秉持一颗平常心去耐心浇灌与呵护，不急不躁，不贪不嗔，方能让它细水长流，绵延不绝。哪怕只是在闲暇之余，一声轻轻的问候，也能如同一根坚韧的纽带，紧紧维系着彼此间那份珍贵的情谊。

好人缘，无疑是通往成功之峰的一条隐形阶梯。对于女性而言，拥有广泛而深厚的人脉资源，就仿佛在人生这片浩瀚无垠的海洋中，拥有了一张坚实无比的安全网。凭借着这张网，她们便能在生活的惊涛骇浪中乘风破浪，自在遨游，游刃有余地应对各种挑战与机遇。

然而，好人缘并非一朝一夕间就能轻松铸就的。它恰似那历经岁月沉淀的佳酿，需要我们在日常生活的点滴中不断积累与精心维系。正如古人所云："路遥知马力，日久见人心。"真正深厚且经得起考验的人缘，往往是在岁月的漫长洗礼中，逐渐显露出其珍贵而璀璨的光芒。

在人际交往的广阔天地里，我们当怀有长远的眼光，学会在他人遭遇困境之时，毫不犹豫地伸出援手，不计回报地付出自己的真心与关怀。这种"冷庙烧香"的做法，乍看之下或许显得微不足道，但却往往能在关键时刻，如同冬日里的暖阳，为我们赢得最为宝贵的支持与助力。正如拿破仑·希尔所言："感情投资应该是经常性的，从生意场所到日常交往，都要处处留心。"

不过，在此过程中，感情投资切不可抱有急功近利的心态。倘若将其视作一种带有功利目的的买卖交易，亦或是变相的贿赂行为，那必然会令他人心生反感，难以接受。要知道，真正稳固且可靠的人脉网络，是深深扎根于真诚与信任这片肥沃土壤之上的。故而，我们要在平日里就多多联络感情，时刻关心他人的喜怒哀乐，而绝非等到自己需要他人帮忙之时，才临时抱佛脚，仓促地去维系关系。

生活中，我们常常会陷入这样一种尴尬的境地：当自己不慎陷入困境之时，才猛然想起那些原本或许能够提供帮助的人。可由于平日里缺乏足够的联系与悉心的维系，此时再去求助于人，难免会显得唐突而又尴尬。所以啊，我们务必要学会未雨绸缪，提前精心编织好自己的人脉之网。

正所谓，"晴天留人情，雨天好借伞。"那些真正深谙人际交往之道的智者，无一不具备长远的战略眼光。他们会在平日里就格外注重培养与他人之间的关系，即便在没有直接利益关联的情况下，也会主动地送上一份关心与问候。如此这般的做法，不仅能在关键时刻为自己赢得有力的帮助，更能让自己在人际交往的舞台上，始终保持一份优雅从容的姿态，进退自如。

然而，现实生活中，不少人都存在着一种"钓到的鱼不用再喂食"的错误心态。他们天真地以为，一旦与他人成为朋友，就无须再耗费心思去维系这份关系了。实则不然，朋友之间的关系，就如同鱼儿与水的紧密依存一般，需要我们不断地给予滋养与呵护。

因此，我们要从心底里学会珍惜每一份来之不易的情谊，用心去经营每一段珍贵的关系。在人际交往的漫漫长路上，多付出一份真挚的感情投资，你定会收获意想不到的丰厚回报。让我们就从当下做起，为自己精心打造一个有利于日后长远发展的良好人缘基础吧！

女性朋友们啊，更应当深刻领会这个道理。在这个充满激烈竞争与重重挑战的现代社会中，唯有平日里多做充分准备，未雨绸缪，方能在突如其来的风雨来临时，全身而退，依旧保持那份优雅从容，淡定自若地应对生活的种种波澜。

学会拒绝，守护自我的智慧密钥

在人生这场风雨兼程的漫长旅途中，那些温柔与智慧并存的女性，宛如在得与失的茫茫海洋中航行的稳健舵手，总能凭借着敏锐的洞察力，精准地找到那把开启幸福之门的神秘钥匙。而在这把珍贵的钥匙之上，有一个看似简单却蕴含着巨大能量的字——"不"。

曾听闻这样一则轶事，有人因深陷痛苦的泥沼而苦苦向禅师寻求解脱之道，禅师却并未直接给予答案，而是让其自行领悟。面对禅师的一次次提问，此人屡屡表示困惑不解，禅师见状，便以戒尺示教。直至最后，当他终于鼓足勇气，毅然挡下禅师即将落下的戒尺时，禅师欣然笑道："你终于悟出了——拒绝的力量。"

学会拒绝，实则是一种豁达超脱的人生境界，一种洞悉世事的明智抉择，更是一种自尊自爱的高尚表现。它能让我们在这纷繁复杂、光怪陆离的世界中，始终保持清醒的头脑，坚守真实的自我，从而活出属于自己的精彩人生。

然而，在中国的传统文化影响下，许多人往往过于注重面子，以至于难以启齿说出那个简单的"不"字。面对他人的种种请求，即便自己内心深知力不从心，也常常会硬着头皮应承下来。可结果呢，往往是弄得自己身心俱疲，苦不堪言。因此，学会适时且恰当的拒绝，无疑是保护自己的一项重要手段。

林妍便是一个极具代表性的例子。她生得美丽大方，性格活泼外向，朋友众多，总是被各种各样的聚会邀请重重包围。她虽内心早已疲惫不堪，却因不懂得如何拒绝，又害怕因此而疏远了朋友，所以只能一次次地勉强应付。如此这般的恶性循环，使得她更加疲惫不堪，内心也充满了矛盾与挣扎。

其实，学会拒绝在人际交往中占据着不可或缺的重要地位。它不仅仅是一个人走向成熟与成长的重要标志，更是我们在处理复杂人际关系时必须掌握的一项关键技能。当我们面对自己内心反感的事情，亦或是那些超出自己能力范围无法胜任的请求时，如果直接生硬地拒绝，很可能会让对方陷入尴尬的境地，甚至有可能会伤害到彼此之间的友情。但倘若我们能够巧妙地运用一些委婉含蓄的方式，那么就能够最大限度地减少可能产生的遗憾，同时又能很好地维护双方之间的感情。

那么，作为女性，究竟该如何恰当地拒绝他人呢？

首先，我们要有一个正确且清晰的认识。拒绝并非在为难他人，相反，它是对自己以及他人负责的一种明智表现。倘若因为我们的拒绝而导致朋友疏远了我们，那么这样的朋友或许并不值得我们去珍惜。

其次，在拒绝之时，一定要注意保持礼貌。我们要诚挚地感谢对方的好意，然后清晰且合理地给出自己无法接受邀请的具体原因，并诚恳地表达自己的歉意。

再者，对于那些明显超出自己能力之外的事情，我们要做到及时且巧妙地拒绝。否则，一旦应承下来却又无法完成，不仅会让自己陷入难堪的窘境，更有可能会损害自己在他人心目中的信誉。

同时，我们要让对方真切地感受到，我们拒绝的是事情本身，而非针对他们这个人。只有这样，即使我们拒绝了他们的请求，也不会对我们之间的情感造成实质性的损害。

此外，拒绝的态度一定要明确坚决，切不可含糊其词。模棱两可的态度只会让对方产生误解，甚至有可能会让对方失去对我们的信任。

在必要的时候，我们还可以给自己留一条合适的退路。比如通过一些模糊应答的方式，或者请他人代为转告等手段，既给对方留下一丝希望之光，又能为自己创设一定的回旋余地。

最后，我们要敢于实话实说。当我们真的不喜欢某件事情或者某个人时，不妨勇敢地表达出自己的真实观点。说不定，这样的真实反而能够得到他人的理解和认同。

总之，学会拒绝是一种蕴含着无穷智慧与非凡勇气的体现。它能让我们在人生的道路上行走得更加从容不迫、游刃有余，更好地守护自己的内心世界，享受属于自己的精彩人生。

爱的光辉是点亮女性璀璨人生的星辰

爱,对于女性的美丽而言,犹如浩瀚宇宙中那最为璀璨耀眼的星辰,散发着无可估量的光芒,具有至关重要的意义。无论是那如春风拂面般轻柔的精神关怀,还是细致入微的行动体贴,皆是爱的真挚表达。正是在这爱的悉心滋养下,女性宛如一朵朵娇艳欲滴的鲜花,在生活的大花园中,光彩夺目,绚烂动人。

爱情,堪称女性最佳的"心灵滋养品"。它自人类诞生伊始,便伴随着历史的长河缓缓流淌,是每个人生命中不可或缺的珍贵元素。人类的繁衍与生存,离不开爱的润泽与呵护;同样,一个人能够在世间快乐地生活,也全然仰仗着爱的温暖怀抱。爱,是一个人健康成长的坚实基石,更是女性保持美丽与活力的绝妙馈赠。

"恋爱中的女性最为迷人",这句话绝非空穴来风。爱情恰似一股神秘而强大的力量,能够促使女性发生令人惊叹的蜕变。无论身处哪个年龄段的女性,一旦她们邂逅并勇敢地拥抱了爱情,便会经历一场如同梦幻般的华丽转身。

爱情犹如一缕温暖的阳光,不仅照亮女性前行的道路,更深深温暖着她们的心灵。沐浴在爱情中的女性,就如同经过雨水洗礼后绽放的花朵,散发着一种无法言喻的动人魅力。爱,赋予人们希望、欲望与渴望。被爱环绕的女性,自然散发着无尽的美丽。

爱情的呵护，能让女性更加光彩照人。正如云朵眷恋着天空，鱼儿离不开大海，女性也需在爱情的呵护下绽放自身的美丽。一个心中充满爱的女性，会展现出宽厚与温柔。她会怜惜、牵挂甚至迁就所爱之人，这种温情会不由自主地流露出来。

爱情是一种充满新鲜与刺激的美好情感。女性只有在爱情的滋润下，才会展现出最为动人的美丽。它如同生命中的烟花，华丽、绚烂且充满激情。

恋爱的初期总是令人既紧张又激动。当鼓起勇气向对方表白后，那种忐忑不安的心情会让人仿佛置身于疯狂的漩涡之中。人们期待着对方的回应，既烦躁又兴奋。他们总是希望从对方的眼神中发现些什么，却又不敢过于深入地探究。

爱情是一种充满羞涩与紧张感的情感，是其他情感所无法替代的。恋爱之所以能够让女性美丽动人，正是因为它与鲜活的情绪密不可分。真正的爱情能够激发女性的生命力，使她们从过去的阴影中解脱出来，获得新生。女性在恋爱中会不断成长，当一段恋情以某种形式结束后，她们会发现自己已经不再是以前的自己。这是一种进步与成长。

许多女性在恋爱后会更加注重自己的外表修饰，从而变得更加美丽动人。她们明白，美丽并非仅仅为了取悦男性，而是为了取悦自己。现代女性更加注重自我欣赏与自我肯定。她们美丽是因为她们希望自己以自己为傲，希望自己喜欢自己的状态，而并非仅仅为了迎合他人的审美。

女性因爱而来到这个世界。她们为情而生，为爱而存。爱情让女性变得更加美丽动人。恋爱使女性的激情与美丽融为一体，即使是原本阴郁、枯竭的女性也会变得温暖而丰富。世间之所以有那么多美丽的女性，正是因为她们像一朵朵盛开的恋爱之花。

爱，是女性一生追求的目标，也是支撑她们幸福生活的坚固支柱。在爱与被爱的过程中，女性会毫不吝啬地付出自己的爱。因此，女性的生活中离不开爱，家庭中更需要爱。爱是女性赖以生存的基础。男性应该呵护女性、珍惜她们的爱，让她们生活在爱的阳光下，永远保持那份动人的美丽。

在爱中绽成长，捍卫女性独立与尊严

曾在一本散发着墨香的书卷中，邂逅了这样一句如晨曦之光般温暖而深邃的话语："幸好爱情不是一切，幸好一切不是爱情。"这句话恰似一盏明灯，照亮了女性在爱情之海中航行的方向，让聪明的女性总能在爱的波涛汹涌中，巧妙地把握航向，为自己保留一片宁静的港湾，坚守那份独立与自我。女诗人舒婷在《致橡树》中深情地写道："仿佛永远分离，却又终身相依。"这不仅是对爱情的细腻描绘，更是对爱情中独立与相依并存这一微妙关系的深刻诠释。

　　当爱情的航船不幸偏离了原有的航道，当一个男人决定离开不再爱他的你时，此刻的你，需要如同站在人生的十字路口般，冷静地审视自己的内心。如果你已不再爱他，那么，请不要为了那可怜的自尊而勉强自己，更不要去阻止他追求真正的幸福。因为，爱，从来都不是占有，而是一种成全。真心爱过一个男人，即使无法拥有，也可以让他成为生命中最美的回忆，镌刻在心底，永不褪色。

　　人生如同一条蜿蜒曲折的小路，爱情只是这条路上众多风景中的一站。它并非生命的全部，也不应成为束缚我们的枷锁。为了一棵树而放弃整片森林，为了一个不再爱我们的人而停滞不前，为了爱情而自虐，这些都是不值得的。女性朋友们，请记住，我们是为了自己而活，为了自己的梦想和追求而生。轻易流走的爱情，不过是一场你情我愿的暧昧游戏，我们无须为了一个不懂珍惜我们的人而流泪、心痛、自虐。在爱情里，我们唯一可以骄傲的资本就是自爱！

　　勉强得到的爱情，如同廉价的施舍，毫无意义。强求一份已经不对等的感情，只会让自己陷入无尽的痛苦之中。一个真正爱你的人，会尊重你、欣赏你，而不是挑剔你。委曲求全换不来他的尊重和爱，只会让自己变得更加卑微。如果你想得到真爱，就必须在爱情中保持尊严。因为，懂得自尊自爱的女性，才是值得被爱的。

要知道，求来的爱情是多么虚弱和苍白。如果是自己的错，就不能责怪任何人；如果是他的无情，那就更不应该让自己痛心。你失去的是一个薄情寡义的人，而他失去的则是一个深爱他的你。或许他现在不再爱你，但总有一天，他会后悔自己的选择。

爱情没了，并不等于一切都没了。何必折磨自己，与自己过不去？既然他选择离开，那就洒脱地放手吧！时间会让你们相爱，也会让你们的激情消退。但请相信，时间同样会治愈你的伤痛，让你在念念不忘中慢慢遗忘这段感情。记住，适时放手的人才是智者。

你的锲而不舍会让他厌烦；你的自虐要挟会让他觉得你缺乏骨气；你的歇斯底里更会让他怀疑自己曾经的眼光。女性朋友们，坚强起来吧！不自爱只会让他找到更多不爱你的理由。在爱情里，没有对错之分，我们无须苦苦追问孰对孰只。爱得深，伤得也深，但请相信，时间会抚平一切伤痕。

无论你拥有闭月羞花的美貌、魔鬼的身材还是至高无上的权力，都无法阻止爱情的消逝。因为，爱情是平等的，是两颗心灵的相互吸引和靠近。女性朋友们，只有先爱自己，男人才会更爱你。让我们在爱中绽放自我，活出精彩人生！

知己相伴，奏响最美的心灵乐章

在人生那如长河般悠悠流淌的漫漫旅途中，朋友，那个宛如知己般既懂你又深爱着你的人，始终如一地扮演着我们心灵的宁静港湾这一角色。友情有时候它所散发的光芒比爱情还要璀璨，它更加忠诚可靠，更加坚定不移。当我们与知心的朋友相处时，那种贴心入微的理解，仿佛拥有着神奇的魔力，能够轻轻穿透心灵周围那看似坚固的壁垒，让彼此的心靠得更近，仿佛直接连通了灵魂深处的每一处角落，抵达内心最为柔软的地方。

朋友，就如同生命中那一缕轻柔的微风，带着丝丝的温暖与深切的关怀，徐徐地吹拂而来。在人生这充满波折的漫长征程里，他们无疑是最值得我们信赖的忠实伴侣。尤其是当我们身处患难之际，那份真挚而深厚的友谊便会如同一座坚不可摧的堡垒，稳稳地矗立在那里，比爱情更加牢不可破，给予我们无比坚实的依靠。

当生活的浪潮涌起，我们面临着各种各样的改变和挑战时，朋友给予的支持就显得尤为重要了。作为女性，我们可以与知心朋友分享内心深处的想法和感受，从她们那里汲取源源不断的鼓励和动力，从而让自己重新充满信心和勇气，去勇敢面对生活的风风雨雨。要知道，朋友的这份帮助，恰恰满足了我们内心深处那些父母和伴侣或许都无法完全替代的特定需求。

与女性朋友聊天，可真是一种无比畅快的体验，我们能够尽情地畅所欲言，将婚姻生活中的点点滴滴，无论是甜蜜的瞬间，还是那些琐碎的烦恼，都一一倾诉出来。这些话题，往往会让丈夫们感到有些无所适从，不知该如何回应才好。而女性之间，则更擅长挖掘内心深处那些细腻的情感，凭借着独特的方式与彼此产生强烈的共鸣，让我们能够真切地感受到彼此之间那份深厚且真挚的情谊。

虽然丈夫会在生活中给予我们支持，但不得不承认，他们确实无法在所有方面都完完全全地理解我们的感受。所以，当我们在生活中遇到困难，内心压抑不已的时候，便可以向朋友倾诉心声，借此释放那积压在心头的沉重负担。但在这个过程中，我们也要时刻记得，把握好与朋友之间相处的分寸，这样才能共同守护好这份无比珍贵的友谊，让它在岁月的长河中持续绽放光彩。

在平凡的日子里，每一位女性其实都需要几位知心朋友来悉心滋养自己的心灵。毕竟在这个纷繁复杂的世界上，没有人能够在所有方面都完美地满足我们的每一个需求。当我们身边缺乏可以倾诉的朋友时，很可能就会不自觉地将全部的期望都寄托在丈夫身上，可这样一来，往往会让他感到压抑和窒息，因为他确实也有自己的局限，没办法完全满足我们的所有期望。如果我们将同样的话题向朋友倾诉，同性之间那种奇妙的"感同身受"之感便会油然而生，让我们顿时感到无比宽慰。我们的那些牢骚、埋怨、不满和气愤，仿佛都能在朋友那里找到回应，找到那份能够与我们一同感同身受的共鸣。

如果说亲人是上天赐予我们的无比珍贵的礼物，那么知己，就如同是我们自己精心选择的亲人一般。她们会用温暖的怀抱给予我们无尽的温暖与温馨，用坚定的支持给予我们力量与鼓励，让我们能够真切地感受到快乐和幸福的滋味。她们熟知我们的每一个习惯，关心我们的每一个喜好，就那样默默地陪伴着我们，走过人生的每一个阶段，见证我们生命中的每一次起伏。

女性的美丽，不仅仅局限于外表的光鲜亮丽，更在于内心深处那份真切动人的情感。而这份真切的美，是离不开真挚深厚的友情来滋养的。当我们拥有一群能够为我们真心祝福、为我们热情歌唱、与我们一同分享喜悦、与我们一同分担困苦的知己时，我们便仿佛成为这世界上最幸福、最完美的女人。

就如同那首深情描绘女性友情的歌曲所唱的那样："你拖我离开一场爱的风雪，我背你逃出一次梦的断裂……如果不是你，我不会相信，朋友比情人还死心塌地……如果不是你，我不会确定，朋友比情人更懂得倾听。我的弦外之音，我的有口无心，我离不开 darling，更离不开你！"

知己，就是这样如同一曲美妙的乐章，奏响在我们生命的每一个角落，让我们的生活变得更加丰富多彩，让我们的人生更加充实和美好。

第四章

重燃生活热情与创造力

生活需要热情来点燃，需要创造力来增色。这一章，让你始终保持阳光心态，照亮生命的每一个角落。用务实的行动，将梦想转化为现实，打破思维的局限，开拓全新的道路。学会珍视自己，因为你是幸福的源泉。用艺术滋养内心，沉浸在书香的氛围中，让灵魂得到升华。听从内心的声音，做自己喜欢的事情，拥抱热爱，尽情享受生活的美好。

阳光心态，照亮生命之旅

在人生这片广袤无垠的海洋之上，我们宛如一叶叶扁舟，孤独而又坚定地航行着。倘若心灵时常在那无尽的黑夜中漂泊流浪，始终缺乏阳光那温暖而明亮的指引，那么终有一日，我们很可能会不由自主地陷入那仿若无底洞般的深渊，在黑暗中迷失自我，找不到前行的方向。

岁月，恰似那潺潺流淌、永不停歇的流水，悄无声息地从我们身边溜走，带走了无数的时光碎片；而生活，则宛如一首悠扬婉转的歌谣，时而高亢激昂，时而低沉婉转，其中蕴含着无尽的喜怒哀乐，等待着我们去细细品味。为了能让这一段独一无二的人生旅程变得富有意义、充满价值，我们必须全力以赴地去学会塑造一颗如同阳光般璀璨而温暖的心态。要知道，这颗阳光心态，无疑是我们通往幸福彼岸与成功殿堂的那把至关重要的金钥匙。

我们每个人，从呱呱坠地的那一刻起，便如同那在纷繁复杂的世界大花园中刚刚破土而出的幼苗一般，怀揣着对未来的无限憧憬与期待，渴望着茁壮成长，绽放出属于自己的绚烂光彩。然而，在成长的道路上，却总是会有各种各样的"杂草"滋生出来，它们肆意蔓延，无情地阻碍着我们的成长步伐，使得我们的收获大打折扣。这些"杂草"，便是我们内心深处的负面心态。它就像是一座无形的牢笼，将我们紧紧囚禁其中，让我们深陷在抱怨、不满和愤怒的泥沼之中无法自拔。在这样的状态下，那些痛苦的回忆便会如同鬼魅一般，时不时地冒出来，不断地侵蚀着我们当下本应享受的快乐时光，让我们无暇去感受生活中的美好，只能在痛苦的漩涡里打转。

唯有让我们的心灵尽情地沐浴在那温暖而明亮的阳光下，我们才能够以一颗宽容豁达的心去释怀过去所遭受的种种伤害，不再让那些伤痛成为束缚我们前行的枷锁。如此一来，我们便能轻松自在地去拥抱每一个当下的瞬间，以一种全新的视角去珍视生活中的每一个细微之处。哪怕是在遭遇挫折与失败之时，我们也能够从这些经历中汲取宝贵的经验教训，如同那善于从矿石中提炼黄金的工匠一般，从失败的废墟中精心提炼出智慧的结晶。进而，我们可以将过往所经历的那些苦难，巧妙地转化为通往成功之路的坚实基石，让曾经的痛苦成为铸就未来辉煌的有力武器。

一个内心充满阳光的人，仿佛自带一种神奇的魔力，总能在生活的角角落落里发现那些被他人忽视的美好之处。他们拥有一双善于发现美的眼睛，无论是在工作的繁忙琐碎中，还是在生活的平淡日常里，都能够用一种积极向上的眼光去看待周围的一切事物。他们深知，接纳自己是走向内心平和的第一步，只有真正地接纳了自己的优点与不足，才能够以一颗坦然的心去面对生活的种种。同时，他们也懂得去接纳他人，明白每个人都有自己的独特之处，都值得被尊重与理解。他们珍惜这来之不易的生命，始终坚信着一个朴素而又伟大的真理：只要生命存在，那么每个人的生活便都有着其独特的完美之处，都值得我们去用心经营与呵护。

在与他人相处的过程中，他们更是能够以一颗欣赏与感激的心去对待身边的每一个人。当他们看到他人身上的优点时，会毫不吝啬地表达出自己的欣赏之情，并且会从心底里感激他人为自己所做的每一份付出，哪怕这些付出在旁人看来是微不足道的小事。正是这种阳光般的心态，拥有着一种化腐朽为神奇的力量，它能够将那原本可能会滋生的嫉妒之心，悄然转化为对他人的感激与感恩之情。如此一来，他们便能够在生活的舞台上广结朋友，与他人进行真诚而又深入的沟通交流，仿佛是打开了一扇扇通往多彩而迷人世界的窗户，让自己的生活变得更加丰富多彩，充满了无尽的可能性。

人生在世，其实是一场充满智慧的修行。我们应当学会糊涂一点，就如同那随风而动、随雨而下的树叶一般，在一些无关紧要的小事上，不必过于较真，不妨让自己的心变得更加豁达与包容。然而，在面对那些关乎人生走向、影响深远的大事时，我们则要保持清醒的头脑，做出明智的抉择。这便是一种生活的智慧，它能让我们在人生的道路上走得更加从容不迫。

同时，我们也要活得潇洒一点，要明白人生就如同一场有得有失的旅程，付出与回报并非总是能够精准地对等起来。但我们要坚信，上天对每一个人都是公平的，它在关上一扇门的同时，必定会为我们打开另一扇窗。所以，让我们学会珍惜这来之不易的生活，尽情地去享受人生的每一个瞬间，让过去的一切都成为历史的尘埃，而将希望永远寄托在那充满无限可能的未来。做一个真正快乐的人，让自己的心灵如同那自由自在的鸟儿一般，在广阔的天空中自由飞翔，忘却那些曾经的痛苦与爱恨情仇，回归到最真实的自己，以一颗纯净而又快乐的心去迎接生活的每一次挑战与机遇。

忘记年龄，这并非一种自欺欺人的行为，而是一种对生活积极向上的态度。无论我们的年岁几何，只要我们拥有一颗年轻而充满活力的心态，那么我们就永远不会真正地老去。就如同那一句经典的话语所说："走自己的路，让别人去说吧。"我们不必过于在意他人对我们年龄的看法，更不要让年龄成为我们走向衰老、放弃追求梦想的借口。

忘记名利，这是一种超脱世俗的境界。名利，终究不过是身外之物，它们如同那过眼云烟一般，虽然在一时之间可能会给我们带来些许的荣耀与满足感，但从长远来看，它们并不能真正地给我们带来内心的安宁与幸福。相反，那些简单而平凡的生活，才是真正能够让我们感受到幸福真谛的所在。在平凡的日子里，我们能够与家人朋友相伴，享受着生活的点点滴滴，这便是一种莫大的幸福。

忘记怨恨，这是一种对自己的宽容与救赎。在生活中，我们难免会遇到一些不值得的人，他们或许会给我们带来伤害与痛苦。然而，如果我们一直将这些怨恨深埋在心底，那么我们便是在拿别人的错误来惩罚自己，这无疑是一种极其愚蠢的行为。所以，让我们学会放下这些怨恨，不要让那些不值得的人浪费我们宝贵的时间与精力。当我们感到寂寞时，可以去寻找知己倾诉心声，让内心的压抑得到释放；当我们遇到烦恼时，不妨让自己的心灵得到片刻的休息，给自己创造一个纯净而又安宁的空间，让自己能够在这个喧嚣的世界里找到一片属于自己的宁静角落。

一个内心充满阳光的人，始终坚信着风雨之后必有彩虹的美好信念。他们深知，生活中的挫折与困难就如同那暂时遮蔽阳光的乌云一般，虽然会给我们带来一时的阴霾，但终将会被那温暖而明亮的阳光所驱散。他们从不吝啬自己的微笑，因为他们明白，微笑是一种传递温暖与善意的无声语言，它能够在不经意间拉近人与人之间的距离，让这个世界变得更加美好。他们懂得在自己的心底深处去寻找那份宁静与淡然，如同那深山中的清泉一般，清澈而又平静。他们能够凝聚起内心的坚强，守护着那一片澄明的心境，不让外界的喧嚣与纷扰轻易地打破这份内心的平和。他们更是珍惜生命中的每一个瞬间，无论是那平凡的日常琐事，还是那令人激动的重要时刻，都会让阳光照亮自己的心底，让那份淡泊与美丽如同那盛开在湖中的荷花一般，静静地停留在心湖深处，散发着淡淡的清香。

痛苦与快乐，就如同那阳光与阴影一般，是相伴相生的存在。正如花开总有花落时一样，生活中既有快乐的时光，也必然会有痛苦的时刻。然而，我们不能因为害怕痛苦就去逃避生活，而是要学会在阳光下聆听自己内心的声音，欣赏自己的独特之处，勇敢地去拥抱大自然的亲切与田园的清新。

当我们让自己的心灵飘荡着宁静的韵律时，便能够抛开心中的烦恼与忧愁，让那无尽的幸福感如同那涨潮的海水一般，源源不断地涌上心头。给生命一份恬静与希望，让我们始终坚信着明天会更加美好，然后以一种乐观向上的态度去笑对生活，扬起生命的风帆，升起心中的太阳，让那温暖而明亮的阳光照亮我们的心房，敞开心扉与人为善，让这个世界因为我们的存在而变得更加温暖与美好。

拥有阳光心态的人生，无疑是一场充满幸福与快乐的旅程。在这样的人生道路上，我们将会少一份烦恼与狭隘，多一份快乐与幸福。就如同那郁郁葱葱的生命之树一般，在阳光的照耀下，绽放出最灿烂的光彩，成为那片天地间一道亮丽的风景线。让我们都努力去塑造一颗阳光般的心态吧，用它来照亮我们的生命之旅，让我们的人生变得更加精彩绝伦。

务实行动,铸就辉煌

在人生的漫漫征途上,成功,宛如那遥远天际闪烁着的璀璨星辰,散发着诱人的光芒,吸引着无数人为之拼搏奋斗。然而,它并非那遥不可及的梦幻泡影,只可远观而不可亵玩焉;相反,成功是一种需要我们在当下就付诸实践的坚定信念,是我们通过一步一个脚印的努力,用汗水与智慧浇灌出来的丰硕果实。

务实,从其本质来讲,就是要我们脚踏实地、扎扎实实地去干实事,摒弃那些空洞无物的空谈与虚夸之风。古往今来,无数的事例都充分证明了一个朴素而又深刻的道理:一分耕耘,一分收获。真正的成功,从来都不是靠那虚无缥缈的幻想或者是投机取巧的手段所能获取的;它是通过我们不懈的努力,凭借着坚实而又稳健的步伐,一步一步地在人生的道路上艰难前行,历经无数的坎坷与挫折,最终才得以赢得的宝贵成果。否则,那份所谓的成功,便只会是那看似美丽却空洞无物的幻影,如同那水中月、镜中花一般,虚幻而不真实,甚至极有可能会将我们引入人生的深渊。

在中国源远流长的传统文化之中,对现实世界的关注以及对实干精神的崇尚,可谓是体现得淋漓尽致。我们的先辈们,用他们的智慧与实践,为我们树立了一个个光辉的榜样。他们深知,唯有通过实实在在的努力,去关注身边的人和事,去解决生活中的实际问题，才能够创造出充实而又富有活力的人生。这种务实精神，作为中华民族的传统美德之一，历经岁月的洗礼，在当代社会中依然闪耀着那璀璨而又夺目的光芒，为我们指引着前进的方向。

那些真正的成功人士，他们无一不是在务实的道路上，一步一个脚印地，一点一滴地积累着自己的经验、智慧与财富，最终才得以实现那令人瞩目的大成就。无论是在创业的初期，面对资金短缺、市场竞争激烈等重重困难，还是在企业发展的过程中，遭遇技术瓶颈、人才流失等诸多挑战，他们始终都保持着一种务实的态度，从当下做起，兢兢业业地做好每一项工作，不断地开拓创新，扎实地做好本职工作。他们深知，在平凡的工作中保持着务实的激情，是激发无穷的热情、智慧和精力的关键所在。只有这样，才能够助力他们在财富与事业上取得巨大的成就，实现自己心中的理想，创造出辉煌灿烂的人生。

务实的精神，就如同那黑暗中的明灯，照亮着我们前行的道路，让我们在任何环境中都能够坚守自己的职责，勇往直前。它教会我们要注重细节，因为"天下大事，必作于细"。任何一件看似宏伟的大事，其成功的背后，都是由无数件小事一点一滴累积而成的。一个拥有务实精神的人，从来都不会轻言放弃，即使是在面临着巨大的困境之时，他们也会咬紧牙关，坚持努力，不断地发掘自身的潜力，激发自身的巨大潜能。他们深刻地明白，务实不仅仅是事业成功的保障，更是实现人生价值的重要途径。

务实，它可以被比作那一滴一滴坚持不懈向前奔跑的水滴。虽然每一滴水滴单独来看，或许并不能直接汇入那浩瀚无垠的大海之中，但它们却定能融入那潺潺流淌的小河或者是那宁静深邃的潭水之中，为它们增添一份生机与活力；务实，又如同那一丝一缕的阳光，虽然单独的一丝阳光或许并不能直接催生那成熟的果实，但它们却能够通过不断地积累能量，为植物的生长提供必要的条件；务实，还如同那一场一场淅淅沥沥的雨水，对于那干涸的土地而言，或许每一场雨水的影响都是有限的，但只要我们敢于尝试，脚踏实地地去滋润那片土地，就一定能够为它带来生机与希望。

拥有务实精神的人，必定怀揣着希望的热忱，以一种坚忍不拔的作风，主动地去做那些应该做的事情。他们绝不会沉浸在空想之中，而是会用自己的实际行动去创造，去点燃那希望之火，去实现自己的人生理想。务实行动，无疑是我们铸就辉煌人生的坚实基石，它支撑着我们在人生的道路上稳步前行，让我们离成功的彼岸越来越近。

在当今这个竞争激烈的社会中，我们每个人都渴望着能够取得成功，实现自己的人生价值。然而，成功并非一蹴而就的，它需要我们付出长期的努力和坚持不懈的奋斗。我们要以那些成功人士为榜样，学习他们的务实精神，从身边的小事做起，一步一个脚印地向前迈进。无论是在学习上，还是在工作中,或者是在生活的其他方面,我们都要保持一种务实的态度,认真对待每一件事情,不断地积累经验和知识,激发自己的潜能,为自己的未来奠定坚实的基础。

只有当我们真正地将务实精神融入我们的血液之中,成为我们行动的指南时,我们才能够在人生的道路上披荆斩棘,克服重重困难,铸就属于自己的辉煌人生。让我们都行动起来吧,用务实的行动去书写自己的人生传奇,让成功的光芒照亮我们的人生之路。

突破思维局限,思路决定出路

在人生这一场漫长而又充满变数的旅途中,每一个人都怀揣着对成功的热切渴望,都希望能够过上更加舒适、富足且有意义的生活。我们常常会看到,身边的许多人都怀揣着那一夜成名或者一朝暴富的梦想,他们的眼中闪烁着对改变现状、改写命运的强烈期待。然而,现实却总是如同一把冷酷无情的利刃,毫不留情地斩断了他们的幻想。尽管他们中的大多数人都付出了努力,都在不断地寻找着通往成功的道路,但最终却往往未能如愿以偿,只能在那无尽的迷茫与失落中徘徊不前。

同样是身处这个纷繁复杂、瞬息万变的世界之中,为何有的人能够凭借着自己的努力与智慧,一步步地攀上那成功的巅峰，享受着胜利的喜悦与荣耀；而有的人却只能在原地踏步，停滞不前，眼睁睁地看着别人取得成功，自己却无能为力呢？成功的秘诀究竟隐藏在何处？那些能够实现心中愿望的成功者，难道真的是在工作中比平庸之辈洒下了更多的汗水吗？亦或是他们的智商一定高于那些未能成功的人吗？

事实上，经过社会研究学家们的深入研究与分析，我们已经得到了一个颇为惊人的结论：人与人之间的智商差异其实并不显著。也就是说，智商并不是决定一个人能否成功的关键因素。那么，真正让人们在成就和生活质量上产生天壤之别的，究竟是什么呢？答案便是思路的不同。

面对同一件事情，由于每个人所秉持的思路不同，看待问题的角度也会各异，进而导致他们所采取的解决问题的方法也会大相径庭，最终产生截然不同的结果。这便是人们常说的那句至理名言：思路决定出路。只要我们在工作和生活中，善于将消极思维转化为积极思维，并勇敢地付诸实践，我们就能拥有广阔的发展空间。

对于绝大多数平凡人来说，思路不仅关乎个人的未来，更关乎家庭的出路。在这个竞争激烈的时代，一个家庭的兴衰往往与家庭成员的思路紧密相连。一个积极开拓思路的人，可能会为家庭带来新的机遇和发展方向。比如，在面对就业压力时，有的人只会局限于传统的就业途径，苦苦等待着大公司的招聘机会，一旦失利便陷入绝望。而另一些人则能跳出这个思维定式，他们看到了互联网时代新兴行业的崛起，积极学习相关技能，投身其中，不仅自己获得了不错的收入，还为家庭经济状况的改善做出了贡献。

当家庭遇到困难时，比如家庭成员突发疾病需要高额医疗费用，消极思路的人可能只会唉声叹气，抱怨命运不公，觉得自己无力承担。但拥有积极思路的人会冷静思考，他们或许会想到通过众筹平台求助社会，或者寻找一些公益救助项目，又或者利用自己的人脉资源寻求帮助。不同的思路决定了面对家庭困境时截然不同的应对方式，也直接影响着家庭能否走出困境，走向更好的生活。

而对于决策高层来说，思路则关乎一个组织、一个地方乃至一个国家的命运。一个企业的领导者，其思路决定了企业的发展战略和方向。如果领导者故步自封，坚持传统的经营模式，不愿意接受新的理念和技术，那么企业很可能在市场竞争中逐渐被淘汰。相反，那些具有创新思路的领导者，能够敏锐地捕捉到市场的变化和消费者的需求，及时调整企业的发展方向，推动企业进行技术创新、产品升级，从而使企业在激烈的市场竞争中脱颖而出，实现可持续发展。

以苹果公司为例，在智能手机市场竞争日益激烈的情况下，苹果公司的领导者们并没有局限于当时已有的手机设计和功能模式。他们以独特的思路，注重用户体验，将简洁、美观与高科技完美结合，推出了具有划时代意义的 iPhone 系列产品。这一创新思路不仅改变了苹果公司自身的命运,使其成为全球最具价值的公司之一,也对整个智能手机行业产生了深远的影响,引领了行业的发展方向。

在国家层面,思路的转变更是能够带来翻天覆地的变化。回顾历史,中国在改革开放之前,经济发展相对滞后,人民生活水平不高。但改革开放的决策,就是一种思路的巨大转变,思路的改变为中国经济的腾飞奠定了基础。中国积极引进外资、先进技术和管理经验,大力发展外向型经济,推动国内企业进行改革创新,使得中国在短短几十年间成为世界第二大经济体,人民生活水平得到了极大的提高。

我们要善于为自己制造想象的发展空间,摒弃消极思想,拓宽思路。一旦我们坚信自己可以做到,内心的声音就会汇聚成强大的力量,得到无数人的支持和帮助。确立目标,迎接挑战,思路的转变将带来智慧、机会和效率,让我们重获崭新的世界。

无论是个人还是企业,思路的转变都是拓宽天地的关键。只要我们勇于抛弃消极思维,激发成功的欲望,就能找到通往成功的钥匙。而思路正是所有正确策略与方法的源泉。

许多人之所以未能取得更好的成就,关键在于他们没有改变自己的思路,或者懒于改变,或者根本不想改变。这种局限性的思维将他们困在了一片狭窄的天地里,自怨自艾。打破常规的束缚,敢于改变思路,将赋予一个人前所未有的智慧、机会和效率，让他们拥有广泛的人脉和广阔的发展空间，踏上成功的康庄大道。

在面对生活中的各种问题时，我们不能总是依赖于过去的经验和固有的思维模式。过去的经验虽然宝贵，但在不断变化的时代背景下，可能已经不再适用。我们要不断地审视自己的思路，问自己是否还有其他更好的解决办法，是否可以从不同的角度去看待问题。

当我们遇到职业发展的瓶颈时，不要只想着通过加班加点、更加努力地工作来突破。也许我们可以换个角度思考，比如是否可以通过学习新的技能、拓展新的业务领域或者转换工作岗位来实现职业的进一步发展。

当我们面临人际关系的困扰时，不要总是抱怨别人不好相处或者自己运气不佳。我们可以尝试改变自己的沟通思路，从理解对方的角度出发，用更加包容和友善的方式去与他人交流，也许就能化解矛盾，建立起更好的人际关系。

在学习过程中，当我们遇到难以理解的知识时，不要一味地死记硬背或者放弃学习。我们可以尝试改变学习思路，比如通过寻找实际案例、制作思维导图、与同学老师讨论等方式，来加深对知识的理解和掌握。

总之，作为自立于社会的人，我们不能将希望完全寄托在父母为我们铺就的道路上，也不能将希望完全寄托在子女身上。我们要将希望寄托在自己身上，寄托在现在。从现在开始，改变思路,依靠自己的勇气和决心抛弃消极思维,拓宽思路,勇于改变。走出一条属于自己的道路,我们会发现前方的天地越来越宽广,越走越远。

路虽遥远,但只要我们坚定前行,终将到达;事虽艰难,但只要我们勇敢去做,终将成功。只要我们心怀梦想并付诸行动,根据既定目标学会积极地调整、拓宽自己的思路,眼前的天地就会随之变得宽广无垠。那么,就没有什么能够阻挡我们迈向成功的大门。

总之,思路决定出路,我们要不断地努力拓宽自己的思路,让自己在人生的道路上能够更加顺利地前行,实现自己的梦想和目标。只有这样,我们才能在这个竞争激烈的时代中脱颖而出,创造出属于自己的辉煌人生。

看重自己,幸福之源

在人生的漫长旅程中,我们每一个人,无论身处何种境地,无论有着怎样的身份背景,都无一例外地怀揣着一种深切的渴望:那就是得到他人的尊重与爱戴。这种渴望,宛如一颗深埋在心底的种子,随着我们的成长,在心灵的土壤里生根发芽,逐渐成为一种强烈的情感诉求。它是每一个拥有思想、饱含情感的人所共有的内心期盼,因为,只有当我们从他人那里真切地感受到尊重与爱，我们的人生才会仿佛被注入了一股温暖而明亮的力量，显得格外有意义，我们也才能够从中收获到那份最为真挚、最为纯粹的快乐。

然而，在我们满心追逐这份来自外界的尊重与爱的过程中，却常常会在不经意间忽视了一个至关重要的前提条件：那就是自尊自爱。自尊自爱，它绝非是一种空洞的口号，亦不是一种可有可无的自我标榜，而是我们在生活这片广袤天地里，能够真正地树立自信、实现自强不息的坚固基石。唯有懂得自尊自爱的人，才拥有足够的力量去珍视自己的生命以及那独一无二的人格，才能够以一种深邃而敏锐的洞察力，深刻地意识到生命所蕴含的真正价值所在。

这样的人，他们拥有一种内在的坚韧，不会因为外界突如其来的打击而轻易地放弃自己的追求，不会因为遭遇了他人的冷漠或是不爱，就盲目地否定自己的全部。相反，他们会如同那在暴风雨中依然挺立的参天大树一般，鼓起勇气，以一种无畏的姿态，勇敢地去面对人生道路上接踵而至的各种挑战。无论是事业上的挫折，还是人际关系中的困境，他们都能凭借着对自己的尊重与爱护，坚守住内心的阵地，不被困难所轻易击溃。

自尊自爱，从本质上来说，它还是我们赢得他人尊重与爱的那把神秘而关键的钥匙。一个真正懂得自尊自爱的人，他的一言一行、一举一动，哪怕是一个细微的眼神、一个不经意的手势，都会在不经意间透露出一种独特而迷人的魅力。这种魅力，并非刻意为之的矫揉造作，而是源自内心深处对自己的认同与尊重，它如同一块强大的磁石，会自然而然地吸引他人去主动地接近他、深入地了解他，进而发自内心地尊重他。

与之形成鲜明对比的是，一个不懂得自尊自爱的人，往往会在言行举止间流露出一种让人难以忽视的轻视和不屑之感。他们可能会因为过度地迎合他人而失去自我，可能会因为一点小小的挫折就自暴自弃，可能会为了获取某些短暂的利益而轻易地妥协自己的原则。这样的表现，不仅会让他们自己在内心深处逐渐失去对自己的信心，更会让周围的人对他们产生一种负面的看法，觉得他们是那种不值得被尊重、不值得去深入交往的人。

自爱，作为自尊自爱的重要组成部分，它所蕴含的意义深远而又贴近生活。它意味着我们要对自己好一点，要以一种温柔而体贴的方式去对待自己，让自己的生活变得更加美好、更加精彩。在生活的旅途中，我们难免会遇到各种各样的磕磕碰碰，会受到一些或大或小的伤害。然而，我们绝不能因为这些小小的挫折就自暴自弃，不能因为想要得到某些东西就毫无原则地妥协自己的原则，更不能因为别人的不爱就狠心放弃对自己的爱。

因为，只有当我们真正地懂得自爱时，我们才能够拥有足够的爱去给予他人，才能够以一种更加真诚、更加温暖的方式去关心别人。一个连自己都不懂得如何去爱的人，又怎么能够期望他去给予别人真挚的爱呢？就如同一个干涸的池塘，自身都没有水源，又如何能够为周围的花草树木提供滋润呢？

当然，我们在这里所强调的自尊自爱，绝不是等同于傲慢无礼、目空一切的那种自负心态。它有着明确而清晰的界限，是指我们在充分地尊重和爱自己的同时，也要学会去尊重和爱别人。自尊自爱的最终目的，是让我们在生活的纷繁复杂中，不轻易地受到委屈，不轻易地放弃自己作为一个人的基本尊严。它让我们深刻地明白一个道理：生命的价值，首先取决于我们自己对它的态度。

让我们来看一个生动而又富有深意的小故事吧。曾经有一个流浪的小男孩，他在街头巷尾孤独地徘徊着，心中充满了对自己存在意义的迷茫与困惑。有一天，他遇到了一位智者，小男孩鼓起勇气，向智者提出了一个困扰他已久的问题："像我这样的没人要的孩子，活着究竟有什么用呢？"智者并没有直接回答他的问题，而是默默地从口袋里掏出了一块石头，递给小男孩，并语重心长地对他说："明天早上，你拿着这块石头到市场上去卖，记住，无论别人出多少钱，都不能卖。"

小男孩虽然心中满是疑惑，但还是按照智者的吩咐去做了。第二天，他早早地来到了市场，找了一个角落蹲了下来，手里紧紧地握着那块石头。起初，并没有多少人注意到他，但是随着时间的推移，渐渐地有一些人好奇地围了过来，对他手中的这块石头产生了兴趣，并且开始有人出价购买。让小男孩惊讶的是，出价的人越来越多，而且价格也越来越高。

到了傍晚，小男孩带着那块石头回到了智者那里，向他讲述了这一天发生的事情。智者听后，微微一笑，然后对小男孩说："现在，你再把这块石头拿到宝石市场上去展示一下。"小男孩虽然不太明白智者的用意，但还是照做了。结果，在宝石市场上，这块石头的身价竟然又涨了50倍。由于小男孩坚决不卖，这块石头竟被传扬为"稀世珍宝"。

这时，智者看着小男孩，眼中满是慈爱，他缓缓地对小男孩说："生命的价值就像这块石头一样，在不同的环境下就会有不同的价值。你不就像这块石头一样吗？只要你看重自己，生命就有意义、有价值。连自己都不看重自己的人，又怎能奢求别人去尊重他呢？"

这个小故事，用一种最为直观、最为生动的方式告诉我们：每一个人的生命都有着其独特的价值，无论我们身处何种困境，无论我们觉得自己有多么的平凡或是不起眼，只要我们能够真正地看重自己，能够自尊自爱，那么我们的生命就一定会绽放出属于它的光芒，就一定会吸引来他人的目光和尊重。

在现实生活中，我们常常会看到一些人，他们因为过于在意他人的看法，而失去了对自己的正确判断。他们可能会为了迎合他人的喜好，而刻意地改变自己，甚至放弃自己原本喜欢的东西，去追求一些自己并不真正感兴趣的事物。这样做的结果，往往是让他们自己陷入了一种迷茫和痛苦之中，因为他们在这个过程中逐渐地失去了自我，而一个失去自我的人，又怎么能够真正地获得他人的尊重呢？

还有一些人，他们在面对挫折和失败时，会表现得极度的消极和自卑。他们会把失败的原因全部归咎于自己，觉得自己一无是处，进而对自己产生一种深深的厌恶之情。这种消极的心态，不仅会阻碍他们自己从失败中走出来，重新站起来，更会让他们在人际交往中处于一种劣势地位，因为没有人会愿意和一个总是自怨自艾、充满负面情绪的人长期相处。

相反，那些懂得自尊自爱的人，他们在面对类似的情况时，会采取一种截然不同的态度。当他们发现自己的行为或者选择可能会受到他人的质疑时，他们会首先冷静地思考自己的初衷和目的，判断自己是否真的做错了什么。如果他们认为自己没有错，那么他们就会坚定地坚持自己的立场，不会因为他人的看法而轻易地改变自己。

当面对挫折和失败时，他们也不会一味地自责和消沉，而是会把这些经历看作是人生的一种历练，看作自己成长的机会。他们会从失败中吸取教训，分析自己在哪些方面做得不够好，然后努力地去改进自己，让自己变得更加优秀。这样的人，不仅能够在内心深处保持对自己的尊重和爱，还能够通过自己的行动，赢得他人的尊重和爱。

在人际交往中，自尊自爱的人也会表现得更加得体和自信。他们会尊重他人的观点和选择，不会强行把自己的想法强加给别人。同时，他们也会要求别人尊重自己的观点和选择，当遇到别人不尊重自己的情况时，他们会冷静地表达自己的不满，而不是选择隐忍或者爆发。这样的沟通方式，既能够维护自己的尊严，又能够保持良好的人际关系。

在感情生活中，自尊自爱同样重要。有些人在恋爱中，会因为过于爱对方，而失去了对自己的控制。他们可能会为了迎合对方的需求，而无限制地牺牲自己的时间、精力甚至是原则。这样的感情，往往是不健康的，而且最终很可能会以失败告终。

而懂得自尊自爱的人，他们在恋爱中会保持一种适度的平衡。他们会爱对方，但也会爱自己。他们会在满足对方需求的同时，也会关注自己的需求。当发现对方的行为可能会伤害到自己时，他们会及时地提出自己的不满，要求对方改正。这样的感情，才是健康、可持续发展的感情。

自尊自爱，是我们人生道路上的一盏明灯，照亮我们前行的道路，让我们在追求幸福的旅程中，不迷失方向。它是我们内心深处的一股力量，给予我们勇气去面对生活中的各种困难和挑战。它是我们赢得他人尊重与爱的源泉，也是我们实现幸福人生的关键所在。让我们在生活的每一个角落，都能够展现出自己的独特魅力，吸引他人的目光和尊重，让我们的生命因为自尊自爱而变得更加精彩，让幸福的源泉在我们的心中永远流淌。

用艺术丰盈你的内心

在当今这个丰富多彩、多元包容的时代，艺术才情犹如那璀璨夺目的星辰，在众多女性的人生天空中闪耀着独特而迷人的光芒。在艺术才情的熏陶与滋养下，这些女性的性情与心态悄然发生了蜕变，她们举手投足间流露出温文尔雅的气质，心中洋溢着浪漫的情怀，从内到外散发着迷人的魅力，令人为之倾倒。

艺术，作为人类精神世界的瑰宝，它所涵盖的领域极为广泛，形式也是多种多样。对于女性而言，若能全身心地投身于自己热爱的艺术领域，广泛涉猎雅俗共赏的知识，无疑能为人生增添无尽的乐趣与绚丽的色彩。无论是沉浸在文学的世界里，那一页页饱含着智慧与情感的文字，仿佛是一扇扇通往不同时空、不同心境的大门，引领着女性去领略古今中外的思想碰撞与情感交融；还是徜徉于艺术的殿堂之中，那一幅幅精美的绘画、一尊尊栩栩如生的雕塑，以及那一场场动人心弦的音乐演奏，都能让她感受到艺术的震撼力与感染力，使她们的心灵得到净化与升华；亦或是探索科学的奥秘，那神秘而深邃的科学世界，充满了未知与挑战，激发着女性的好奇心与探索欲，让她们在追求真理的道路上收获满满的成就感与幸福感。

多才多艺的女性，往往更容易赢得社会的赞誉与周围人的欣赏。她们就像是一座丰富的宝藏，拥有着取之不尽、用之不竭的魅力源泉。她们能够厚积薄发，凭借着自己在不同领域所积累的知识与技能，触类旁通，在人生的舞台上自如地编织着自己的网络，不断萌生出新的乐趣与灵感。她们拥有敏锐的洞察力，能够轻易发现他人难以察觉的智慧与美好。在困境与挑战面前，她们更是能够勇往直前，履险如夷，以非凡的毅力与智慧跨越重重艰辛。

以艺术才情丰富内心，方式可谓是多种多样，不拘一格。每一种艺术形式都有着其独特的魅力与价值，都能为女性的内心世界注入不同的活力与色彩。

你可以挥毫泼墨，拿起那支纤细的毛笔，在洁白的宣纸上书写人生华章。当笔尖触碰宣纸的那一刻，墨水缓缓晕开，仿佛是你内心的情感在纸上流淌。你可以书写自己的诗词歌赋，抒发心中的喜怒哀乐；也可以临摹古代大家的书法作品，感受那深厚的文化底蕴与书法艺术的精妙绝伦。在书写的过程中，你的心境会逐渐变得平和宁静，专注力也会得到极大的提升，仿佛进入了一个只属于自己的精神世界，忘却了外界的喧嚣与纷扰。

你可以静心阅读，找一个安静舒适的角落，捧起一本心仪的书籍，领略书中乾坤。无论是经典的文学名著，还是时尚的畅销小说，亦或是富含哲理的思想著作，都能让你在阅读的过程中汲取知识的养分，丰富自己的思想内涵。阅读就像是一场心灵的旅行，你可以随着作者的笔触，穿越时空，体验不同的人生，感受不同的情感。在阅读中，你会发现自己的视野逐渐开阔，对生活的理解也会更加深刻，仿佛拥有了一双能够洞察世间百态的慧眼。

你可以沉浸于电影的奇幻世界，感受不同的人生体验。坐在黑暗的电影院里，或是窝在自家的沙发上，看着大屏幕上播放的电影，你会随着剧情的发展而心情起伏。电影作为一种综合性的艺术形式，它融合了文学、戏剧、音乐、绘画等多种元素，能够以一种直观而生动的方式展现不同的人生故事、社会现象以及情感冲突。通过观看电影，你可以了解到不同的文化、风俗以及价值观，拓宽自己的视野；同时，你也可以从电影中的人物身上学到很多人生的道理，激励自己在生活中勇往直前。

你可以聆听音乐的旋律，让心灵得到净化与升华。音乐是一种无形的艺术，它以音符为载体，通过旋律、节奏、和声等要素，传达着各种各样的情感。当你戴上耳机，或是打开音响，让那美妙的音乐流淌在耳边时，你会感受到一种无形的力量在牵动着你的心弦。欢快的音乐能让你心情愉悦，充满活力；舒缓的音乐能让你心境平和，放松身心；激昂的音乐能让你热血沸腾，充满斗志。不同类型的音乐适合不同的心境，你可以根据自己的心情选择合适的音乐,让音乐成为你心灵的慰藉与陪伴。

你可以翩翩起舞,释放青春的活力与激情。舞蹈是一种身体的语言,它通过肢体的动作、姿态以及表情,表达着舞者的情感与内心世界。无论是热情的拉丁舞、动感的现代舞,还是充满民族特色的民间舞,都能让你在舞动的过程中感受到身体的活力与自由。当你随着音乐的节奏翩翩起舞时,你会忘记一切烦恼与压力,全身心地投入到舞蹈的世界里,展现出自己最美丽、最自信的一面。

你可以投身运动,享受汗水挥洒的畅快淋漓。运动不仅能够锻炼身体,增强体质,还能培养你的意志力与团队合作精神。无论是跑步、游泳、瑜伽,还是打篮球、踢足球等团队运动,都能让你在运动的过程中感受到自己的身体在逐渐变得强壮,内心在逐渐变得坚强。当你在运动场上挥洒汗水时,你会体验到一种拼搏的精神,一种超越自我的成就感。

更可以背起行囊,踏上旅途,去追寻那些未曾见过的风景与故事。旅行是一种独特的艺术体验,它能让你走出自己熟悉的环境,去感受不同的文化、风俗以及自然景观。在旅途中,你会遇到各种各样的人,听到各种各样的故事,这些都会丰富你的人生阅历,拓宽你的视野。你可以去欣赏大自然的壮丽山河,感受大自然的鬼斧神工;也可以去探寻古老的城镇村落,了解当地的历史文化;还可以去体验不同的生活方式,让自己的生活变得更加丰富多彩。

养花种草，同样是一种高雅的艺术享受。它不仅能够陶冶情操，丰富女性的精神生活，增添生活乐趣，还能调节气候，净化空气，为人们创造出一个优美、清洁、舒适的工作和生活环境。当你精心照料那些花草时，你会感受到一种生命的活力与成长的喜悦。看着花朵绽放，绿草如茵，你会觉得自己仿佛与大自然融为一体，内心也会变得更加宁静祥和。

总之，艺术才情对于女性而言，是一种无比珍贵的财富，它能够在多个方面提升女性的生活品质、丰富她们的人生体验、绽放出独特的个人魅力。女性朋友们应当更加积极地去拥抱艺术，不断挖掘和培养自己的艺术才情，让自己的生命在艺术的滋养下，绽放出更加绚烂、多彩的美丽风景。

自己喜欢很重要

在这个充满机遇与挑战的时代，每个人的心中都怀揣着一份或大或小的梦想，它犹如一盏明灯，在人生的道路上为我们指引着前进的方向。而安妮的故事，就如同一曲悠扬的乐章，奏响着梦想的旋律，激励着每一个怀揣梦想的心灵，让我们深刻地感受到梦想的力量是如此的强大，足以穿越重重困难，照亮前行的道路。

自幼年起，安妮便对绘画展现出了一种超乎寻常的热爱。这份热爱，就如同一颗顽强的种子，深深地植于心间，无论外界的环境如何，都无法阻挡它生根发芽、茁壮成长的势头。在童年的那些美好时光里，当同龄的孩子们都在户外嬉戏打闹，尽情享受着无忧无虑的玩耍时光时，安妮却选择了一条与众不同的道路。她总是静静地坐在家中的角落，手中紧紧握着彩笔，全神贯注地用彩笔勾勒出一个又一个充满想象的世界。在她的眼中，那一方小小的画纸仿佛就是一个可以任由她自由创造的广阔天地，她可以在上面描绘出五彩斑斓的花朵、翱翔天际的飞鸟、奇幻神秘的城堡……一切她脑海中想象到的美好事物都能通过她的画笔呈现在纸上。

学校里的绘画比赛，对于安妮来说，就像是一个展示自己梦想的舞台。每一次参赛，她都全力以赴，将自己对绘画的热爱和独特的想象力融入每一幅作品当中。而她的努力也没有白费，在多次的绘画比赛中，她屡获殊荣，那些获奖证书和奖杯，不仅是对她绘画技艺的肯定，更是对她坚持梦想的一种鼓励。家中的墙壁，也在不知不觉间成为她艺术创作的画布。她会在上面随意地涂鸦，画出自己当天的心情，或者是脑海中突然闪现的一个奇妙想法。这份对绘画的痴迷，让她的生活充满了色彩和乐趣，也让她周围的人都感受到了她对梦想的执着追求。

然而，安妮的绘画之路并非一帆风顺。随着年龄的增长，她面临着更多现实的考量。当她的父母带着她去寻求专业的绘画指导时，老师的一番评价却让安妮的父母陷入了纠结之中。老师坦言，尽管安妮对绘画有着浓厚的兴趣，但是艺术之路并非仅凭热爱便能铺就。在当今竞争激烈的艺术领域，要想取得一番成就，需要具备多方面的条件，比如扎实的绘画基本功、敏锐的艺术感知力、良好的家庭经济支持。考虑到家庭的经济状况并不宽裕，以及安妮未来的发展前景，父母不得不做出了一个艰难的决定。他们虽然深知安妮对绘画的热爱，但还是希望她能够先将更多的精力投入学业当中，毕竟在他们看来，拥有一个稳定的学历背景对于安妮的未来会更加重要。

安妮得知父母的决定后，心中虽然满是不甘，但她也明白父母的良苦用心。于是，她默默地收起了画笔，将那份对绘画的热爱深深地埋在了心底，然后全身心地投入了学业之中。在学校里，她刻苦学习，凭借着自己的努力和聪明才智，顺利地考入了心仪的重点大学。进入大学后，为了减轻家庭的负担，她开始了勤工俭学的生活。她在学校的食堂里打过工，在图书馆里做过兼职管理员，还在学校周边的小店里帮过忙。尽管生活十分艰辛，但她从未放弃过对梦想的追求。

一次偶然的机会，就像是命运特意为安妮打开的一扇窗，让她重新看到了实现梦想的希望。在学校的论坛上，她发现了一份兼职画漫画的工作。这份工作对于安妮来说，仿佛是黑暗中的一道曙光，重新点燃了她心中对绘画的热情。她毫不犹豫地报名参加了这份工作，从此，她又重新拾起了画笔。

刚开始画漫画时,安妮也遇到了不少困难。她需要不断地学习和适应新的绘画风格和技巧,还要满足客户对漫画内容和风格的各种要求。但是,安妮并没有被这些困难吓倒,她凭借着自己对绘画的热爱和多年来积累的绘画基础,一点点地克服了这些困难。她的作品逐渐在网络上获得了关注与好评。网友们的鼓励与支持,让她感受到了前所未有的成就感与喜悦。她意识到,原来梦想并不遥远,只要坚持不懈,终能抵达成功的彼岸。

安妮的故事告诉我们,热爱是追梦路上最宝贵的财富。当我们勇敢地追求自己的梦想,做自己喜欢的事情时,内心会充满无限的斗志与能量。成功的路上或许布满荆棘,但只要我们以乐观的心态去面对与解决,终将迎来属于我们的美好时光。

在现实生活中,我们常常会因为各种原因而放弃自己的梦想。可能是因为外界的压力,比如家庭的期望、社会的舆论等;也可能是因为自身的恐惧,比如害怕失败、担心得不到认可等。然而,安妮的故事却让我们明白,这些都不应该成为我们放弃梦想的理由。

当我们面临困难时,我们要相信自己的能力,相信只要我们坚持不懈,就一定能够克服困难。同时,我们也要学会在不同的人生阶段,合理地调整自己的梦想和追求方式。安妮在父母的要求下,暂时放下了绘画去专注于学业,这并不是她放弃了梦想,而是她在当时的情况下,为了更好地实现梦想而做出的一种策略性调整。

而且，我们还要懂得利用身边的机会去实现梦想。安妮就是抓住了学校论坛上的兼职画漫画工作这个机会，才重新开启了自己的绘画之旅。在生活中，我们身边其实也不乏这样的机会，只要我们善于发现，勇于尝试，就一定能够找到适合自己的实现梦想的途径。

让我们勇敢地追寻自己的梦想吧！无论遇到多少挫折与困难，都要坚持下去，因为只有这样，我们才能拥有一个充实而精彩的人生。

沉浸书香氛围，滋养灵魂芬芳

在这个信息爆炸的时代，书籍依然是那片能够让我们心灵栖息的宁静港湾，是那把开启智慧之门的神秘钥匙，更是那股能够滋养灵魂、使其散发芬芳的清泉。《红楼梦》中的才女们，以其独特的魅力，让人铭记于心，魂牵梦萦。那些喜好读书的女人，身上自然而然地散发出一种素净的气质，书香的气息在她们周围缭绕，仿佛为她们披上了一层优雅的纱衣，使她们在喧嚣的尘世中显得格外与众不同。

对于书籍，不同的女人有着不同的品位与选择。有的女人，读书是为了汲取知识，增长才干，她们偏爱那些思想深邃、富含哲理的书籍。这些书籍就像是一座座蕴藏着无尽智慧的宝库，每一页都承载着作者深刻的思考和独到的见解。当她们翻开这些书籍时，就仿佛是踏上了一场探索智慧的奇妙旅程。通过阅读，她们能够拓宽自己的视野，了解到不同的文化、历史、哲学等方面的知识，提升自己的人生境界，使自己的生活变得充实而富有内涵。这样的女人，就像一本耐人寻味的好书，让人越读越有味，越品越觉得深邃。

而有的女人，读书则是为了愉悦身心，陶冶情操。她们钟情于唐诗宋词的婉约与豪放，醉心于古今中外优美散文的清新与隽永。在悠闲的时光里，她们会找一个安静的角落，或是坐在窗前，或是躺在摇椅上，手捧一本诗集或散文集，细细品味其中的词句之美、情感之妙。唐诗宋词那简洁而富有韵味的语言，能够唤起她们内心深处的浪漫情怀；优美散文那细腻而生动的描写，能让她们仿佛置身于作者所描绘的美好场景之中。通过阅读这些文学作品，她们铸就了淡泊宁静的一生，如同一首清新素净的诗，让人心生欢喜，感觉仿佛整个世界都变得温柔起来。

有人曾说，漂亮女人不读书。然而，这话未免有些偏颇。诚然，有些漂亮女人因外界的诱惑和内心的不甘，忙于应酬与显露，无暇顾及读书。但不可否认的是，也有许多漂亮女人热爱读书。她们不刻意梳妆打扮，不耽于交际应酬，而是将大部分时间投入阅读中。读书对于她们而言，是一种生命要素，一种生存方式。与那些"金玉其外，败絮其内"的漂亮女人相比，她们是懂得保持生命内在美丽的智者。

读书的女人，心有明灯，她们能够守住心灵的宁静港湾，将书籍视为精神的伴侣。无论外界如何喧嚣，无论生活中遇到多少困难，她们都能凭借着书中的智慧，保持内心的平静和坚定。她们心怀梦想，即使平凡如叶，也能创造出属于自己的美丽与乐园。她们将自己引向充满花鸟树木、蓝天白云、繁星明月的地方，那永不失去的梦想是她们生活中的诗、画、遐想、心境、安慰与希望。

读书的女人，生活情趣高尚，她们很少叹息忧郁或无望地孤独惆怅。她们懂得将忧郁的时间和精力用来读书，从忧郁的境遇中解脱出来。当她们遇到烦恼时，不是去抱怨生活，而是打开一本书，沉浸在文字的世界里，让思绪随着作者的笔触游走，从而忘记烦恼，获得内心的平静。她们不怨环境，不羡他人，在哲思中让心情日益愉快年轻。

读书的女人，以聪慧的心、宽广质朴的爱和善解人意的修养，将美丽镌刻在心灵深处。读书使她们更加潇洒，为她们增添无尽风韵。即使不施脂粉，她们也显得神采奕奕、风度翩翩。

因此，让我们把读书作为业余生活中最重要的项目吧。在宁静中体验生命的美好，用知识和智慧塑造心灵、培养气质、发展技能。读书对于女性而言，既是社会发展的要求，也是基于理性思考的自觉选择。让我们在书香的浸染下，让灵魂绽放出独特的芬芳。

拥抱热爱，享受生活

在现代社会，女性的角色越来越多样化，她们不仅要在家庭中承担起照顾家人的责任，还要在工作中展现出自己的能力和价值。在这种情况下，学会如何在忙碌的生活中找到属于自己的乐趣，就显得尤为重要。有时，抬头仰望蓝天、高山，让心灵得到片刻的宁静；有时，走进大自然，让目光因休息而重新焕发光彩。在生活中，不妨选择一个宁静的时刻，放下所有的烦恼和忧虑，尽情享受生活的乐趣。

一位职业女性，她在工作中面临着巨大的压力，每天都要处理大量的文件和事务，还要应对各种人际关系的挑战。但是，她也是一个热爱运动的人，她会利用午休时间去公司附近的健身房锻炼，或者在下班后去公园跑步。通过运动，她不仅能够释放工作中的压力，还能让自己的身体变得更加健康。她还会在周末的时候，和家人一起去郊外徒步旅行，欣赏大自然的美景，增进家人之间的感情。

一位全职妈妈，她每天都要照顾孩子的饮食起居，还要接送孩子上学放学，生活十分忙碌。但是，她也是一个热爱阅读的人，她会在孩子午睡的时候，或者在晚上孩子入睡后，找一个安静的角落，捧起一本自己喜欢的书，沉浸在文字的世界里。通过阅读，她能够丰富自己的知识，提升自己的精神境界，也能让自己在忙碌的生活中找到一份属于自己的宁静。

一位创业女性，她全身心地投入自己的事业中，面临着资金紧张、市场竞争激烈、团队管理等诸多难题。每一天都像是在战场上冲锋陷阵，精神时刻处于高度紧绷的状态。然而，她却是一个热爱绘画的人。在那些忙碌到几乎喘不过气的日子里，她会在深夜，当整个世界都安静下来的时候，拿出画笔和画纸，沉浸在自己的绘画世界里。

对于现代女性而言，拥抱热爱并享受生活，不仅仅是为了在忙碌与压力中寻得一片喘息之地，更是为了能在这个过程中重新发现自己，找到自己存在的真正价值。

当我们投身于自己热爱的事物时，我们会不自觉地投入更多的热情和专注。这种专注会让我们忘却外界的纷扰和压力，进入一种心流的状态。在这种状态下，时间仿佛变得不再重要，我们只沉浸在当下所做的事情中，享受着每一个细节带来的满足感。

如果热爱手工编织，她可以坐在窗边，阳光洒在身上，手中的毛线在指尖穿梭，看着一件件精美的编织作品在自己手中逐渐成形，那种成就感是无法用言语来形容的。无论是为家人编织温暖的围巾、手套，还是制作一些可爱的小饰品用于装饰自己的家，每一个作品都倾注了她的心血和热爱。而且，在这个过程中，她还可以与其他同样热爱手工编织的朋友交流心得、分享技巧，通过这个爱好结交了一群志同道合的朋友，进一步丰富了自己的生活圈子。

如果钟情于摄影，她会背着相机，穿梭在城市的大街小巷，捕捉那些平凡生活中的动人瞬间。可能是街头一位老人慈祥的笑容，可能是孩子们在公园里无忧无虑玩耍的场景，也可能是雨后街道上倒映着天空的积水。通过摄影，她用镜头记录下了生活的千姿百态，也让自己更加敏锐地观察到生活中的美好。当她在闲暇时翻看自己拍摄的照片，那些回忆就会如潮水般涌来，让她再次感受到当时按下快门那一刻的喜悦与感动。

在生活中，我们还可以尝试去学习一些新的技能或培养新的爱好，以此来为生活增添更多的色彩。比如，学习一门新的语言，当你逐渐掌握这门语言的语法、词汇，能够用它与他人进行简单的交流时，那种突破自我的成就感会让你觉得无比自豪。而且，学习语言的过程也是了解不同文化的过程，你可以通过阅读外文书籍、观看外文电影等方式，进一步拓宽自己的视野，感受世界的多元性。

再比如，尝试学习烹饪一些异国美食。从挑选食材、研究菜谱到亲手制作出一道道美味佳肴，这个过程充满了挑战与乐趣。当你看着家人或朋友品尝你制制作的美食并露出满足的笑容时，那种幸福感会油然而生。而且，通过烹饪不同国家的美食，你也能对世界各地的饮食文化有更深入的了解。

女性们要明白，生活虽然有压力，但也处处充满了美好和可能性。我们不要让忙碌的生活磨灭了我们对美好事物的感知和热爱，而是要主动去寻找那些能让自己心动、让自己快乐的事情，然后全身心地投入其中。

让我们在每一个清晨醒来，都怀着对这一天的期待，去拥抱我们的热爱，去享受生活带给我们的每一份惊喜和感动。无论是一杯香浓的咖啡、一本好书、一次精彩的电影之旅，还是自己亲手制作的一件手工艺品、拍摄的一张美丽照片，亦或是烹饪出的一道美味佳肴，这些都是生活给予我们的珍贵礼物。

让我们以女性独有的温柔与坚韧，在这个纷繁复杂的世界里，绽放出属于自己的光芒，让生命因热爱而绽放出最绚烂的光彩，让我们的生活成为一幅五彩斑斓、充满生机与活力的画卷。

第五章
重建高效生活秩序

时间是最公平的资源,但我们却常常在不经意间挥霍。这一章,教你洞察时间的宝贵价值,珍视每一分每一秒。确立清晰的目标,为生活指引方向,合理规划时间,提高生活效率。克服拖延的陋习,把握生活节奏,打造专注的状态,让效率大幅提升。学会巧用碎片化时间,积少成多,让生活变得井井有条,充实而高效。

洞悉时间价值，珍视每分每秒

时间，恰似一艘在生活长河中永不停歇、永不回头的航船，承载着我们向着未知的远方驶去。对于女性而言，深刻认识时间的价值，并成为时间的领航者，无疑是开启高效生活、绽放生命璀璨光彩的关键所在。

时间，是这世间最为公平的资源。无论贫富贵贱，每个人每天所拥有的时间都是相同的 24 小时。然而，不同的人对待时间的方式却千差万别，而这恰恰决定了他们生活质量的高低以及所能取得成就的大小。

时间，作为一种不可再生的资源，一旦悄然流逝，便永远无法挽回。当我们肆意浪费时间时，实则是在白白耗费自己的生命潜力。唯有珍惜时间，合理利用每一刻，我们方能创造出更多的价值，进而实现自己的梦想与目标。

对于女性来说，认识时间的价值显得尤为重要。在现代社会中，女性肩负着多重角色，既是职场上的精英，需要在工作中拼搏奋进；又是家庭中的核心，要操持家务、照顾家人；同时还要追求个人的成长与发展。倘若缺乏有效的时间管理，便极易陷入忙碌且混乱的状态，进而疲惫不堪，甚至丧失生活的乐趣。

例如，一位职场妈妈，既要应对繁忙的工作任务，又要悉心照顾孩子的生活起居和学习情况，还要处理诸多家庭琐事。

若她不懂得合理安排时间，便会感觉自己分身乏术，压力如山般巨大。但若是她学会了认识时间的价值，就能如同一位出色的指挥家一般，有条不紊地安排好各个方面的事务。她可以在上班时间高效完成工作任务，下班后全身心陪伴孩子一起学习和玩耍，待孩子休息后，还能抽出时间来提升自己或者放松身心。如此一来，她既能在工作中取得斐然成就，又能将家庭照顾得妥妥当当，同时也不会忽视自己的个人需求。

那么，究竟该如何认识时间的价值呢？

首先，我们要深刻反思自己对时间的态度。不妨问问自己，是否经常抱怨时间不够用？是否常常拖延任务，将时间浪费在一些毫无意义的事情上？倘若答案是肯定的，那么我们就需要及时改变自己的思维方式。我们应当把时间视作一种无比宝贵的财富，就如同金钱和健康一样重要。要学会珍惜每一分每一秒，坚决不把时间浪费在不必要的事情上。比如，适度减少刷手机、看电视的时间，避免参与那些无意义的社交活动，而是将更多的时间投入学习、阅读、运动、陪伴家人等富有意义的活动之中。

其次，设定明确的目标至关重要。目标恰似时间之船上的指南针，能够为我们指引前行的方向。当我们清晰地知晓自己想要什么时，就能更有针对性地利用时间，避免盲目地忙碌。长期目标可以是诸如职业上的晋升、学会一门新的语言、保持健康的身体等方面；短期目标则是实现长期目标的具体步骤，比如每周读一本书、每天锻炼半小时等。通过设定目标，我们能够让时间更具价值地服务于我们的梦想。

再者，学会对任务进行优先排序亦是关键之举。我们可以依据任务的重要性和紧急性将其进行排序，优先完成那些重要且紧急的任务，之后再依次处理其他事项。在此过程中，可运用四象限法则，将任务划分为重要且紧急、重要但不紧急、紧急但不重要、不重要也不紧急这四个象限。重要且紧急的任务，例如完成工作中的重要项目、照顾生病的家人等，必须立即着手处理；重要但不紧急的任务，像学习新技能、锻炼身体等，虽然并非迫在眉睫，但对于我们的未来发展却至关重要，应当安排在固定的时间去完成；紧急但不重要的任务，可以考虑委托给他人或者推迟处理；不重要也不紧急的任务，如看无聊的电视剧、玩游戏等，应尽量避免去做。通过这种优先排序的方式，我们能够确保在有限的时间内完成最为重要的任务，从而提高时间的利用效率。

此外，学会拒绝也是保护自己时间的重要手段。在生活中，我们时常会遭遇各种各样的请求和诱惑，若不懂得拒绝，就会导致自己的时间被他人随意占用，无法专注于自己的目标。当别人向我们提出请求时，我们要先慎重考虑一下这个请求是否与自己的目标和优先级相符。若不符合，便可委婉地拒绝，并向对方说明自己的原因。同时，我们也要学会拒绝自己内心的那些诱惑，比如想要偷懒、拖延或者做一些无意义的事情。唯有学会拒绝，我们才能更好地掌控自己的时间，为实现自己的目标创造更多的可能。

最后，培养自律的习惯不可或缺。时间管理需要我们具备自律精神并坚持不懈。我们可以通过制定计划、设定目标以及建立良好的习惯来培养自己的自律能力。比如，每天早上制定当天的计划，然后按照计划有条不紊地开展工作和生活。坚持每天学习、锻炼、阅读等良好习惯，促使自己不断进步。并且，在面对困难和挫折时，我们也要坚定不放弃，始终坚守自己的目标和计划。通过培养自律，我们能够让自己更加高效地利用时间，真正成为时间的主人。

认识时间的价值，绝非仅仅停留在理念层面，更要将其转化为实际行动。让我们从当下这一刻开始，珍惜每一分每一秒，合理安排时间，勇做时间的领航者。让我们运用时间去精心创造美好的生活，全力实现自己的梦想，绽放出属于女性的独特光彩。

在人生的漫长旅途中，时间是我们最为忠实的伙伴。它默默见证了我们的成长、奋斗以及所取得的成就。当我们真切认识到时间的价值，并学会与时间和谐相处时，我们便能在有限的时间里创造出无限的可能。

在工作中，我们可以充分利用碎片时间来处理一些小任务，以此提高工作效率。在家庭生活中，我们可以和家人一起制定一个时间表，合理安排家务和亲子活动，让家庭生活更加和谐有序。

同时，我们也要学会在忙碌的生活中给自己留出一些时间来放松和享受生活。要知道，时间不仅仅是用来工作和学习的，也是用来感受美好、体验幸福的，让自己在忙碌的生活中找到平衡和快乐。

让我们倍加珍惜时间、合理利用时间，成为时间的领航者，用时间去书写属于我们自己的精彩人生。

确立明确目标，指引生活方向

在女性追求精效生活的漫漫旅程中，制定明确的目标犹如点亮前行道路的明灯，稳稳指引着我们在时间的浩瀚海洋中稳步前行，助力我们成为真正的时间领航者。

对于女性来说，我们在生活中往往扮演着多种角色，既是职场上的奋斗者，需要努力拼搏；又是家庭中的守护者，要承担起照顾家人的责任；同时还渴望追求个人的成长与梦想。倘若没有明确的目标，我们便极易在忙碌中迷失方向，进而浪费掉宝贵的时间。

明确的目标能够让我们更加专注。当我们清晰地知晓自己想要什么时，就能够将精力高度集中在实现这些目标上，有效避免被那些无关的事情分散注意力。例如，如果我们的目标是在半年内通过一项重要的职业资格考试，那么我们就会把大部分的业余时间都用来学习备考，而不会将时间浪费在无意义的社交活动或者追剧上。我们会主动去寻找学习资源，精心制定学习计划，并且严格按照计划执行。在这个过程中，我们的注意力能够高度集中，效率也会随之大大提高。

目标有助于我们合理安排时间。有了明确的目标，我们便可以依据目标的重要性和紧急程度来制定计划，从而有条不紊地安排每天的任务。这样一来，我们就能更加高效地进行工作和生活，提高时间的利用效率。例如，如果我们的目标是每周锻炼三次，每次一小时，那么我们就可以在每周的日程中安排出特定的时间来进行锻炼。我们可以选择早上起床后或者晚上下班后的时间，确保这个目标能够得以实现。同时，我们也可以根据目标的需求来调整其他活动的时间安排，比如减少看电视的时间或者推迟一些不重要的社交活动，为实现目标腾出更多的时间。

那么，究竟该如何制定明确的目标呢？

第一步，确定自己的人生愿景。人生愿景是我们对未来的期望和理想，它是我们制定目标的基石。我们可以静下心来，认真思考一下自己想要成为什么样的人，过上什么样的生活。这个愿景可以是宏大的，也可以是具体的。无论是什么样的愿景，都应当是我们内心真正渴望的，能够为我们带来动力和满足感。

第二步，设定长期目标。长期目标是我们在未来几年内想要实现的目标，它应当与我们的人生愿景保持一致。我们可以将长期目标分解为具体的、可衡量的目标。同时，我们还可以为每个长期目标设定一个具体的时间节点，以便更好地监督自己的进度。这样，我们就可以清楚地知道自己在每个阶段需要完成的任务，并且有针对性地进行学习和努力。

第三步，制定短期目标。短期目标是我们在短期内可以实现的目标，它是实现长期目标的具体步骤。我们可以将长期目标分解为一个个短期目标，然后制定具体的计划来实现这些目标。通过这样的方式，我们可以把一个大的目标分解成一个个小的目标，逐步实现，从而增加我们的信心和动力。

在制定目标的过程中，我们还需要注意以下几点：

一是目标要具有可实现性。我们不能将目标定得过高，超出自己的能力范围，否则会让自己感到压力巨大，容易放弃。同时，也不能将目标定得过低，没有挑战性，这样就无法激发我们的潜力。我们应当根据自己的实际情况和能力来制定目标，确保目标既有一定的难度，又能够在合理的时间内实现。例如，如果我们从来没有跑过步，那么把目标设定为在一个月内跑完一场马拉松显然是不现实的。但是，如果我们把目标设定为在一个月内每天坚持跑步十分钟，然后逐渐增加跑步的时间和距离，这样就比较容易实现。

二是目标要具体明确。模糊的目标很难让人产生动力去实现它。我们的目标应当是具体的、明确的，能够让人清楚地知道自己需要做什么。

三是目标要具有可衡量性。我们应当能够清楚地知道自己是否已经实现了目标。这就要求我们的目标必须是可衡量的，有明确的标准和指标。

四是要把目标写下来。把目标写下来可以让我们更加清晰地认识到自己的目标，同时也可以增强我们实现目标的动力。我们可以把目标写在笔记本上、手机上或者墙上，时刻提醒自己要为实现目标而努力。当我们看到自己写下的目标时，就会更加有紧迫感和责任感，促使我们采取行动。

在实现目标的过程中，我们还会遇到各种各样的困难和挑战。这时候，我们不能轻易放弃，而要坚定信心，寻找解决问题的方法。我们可以向身边的人寻求帮助和支持，也可以学习他人的成功经验。同时，我们还要学会调整自己的目标和计划，根据实际情况进行灵活变通。

只有当我们拥有了明确的目标，才能更好地管理时间，提高生活的效率和质量。让我们认真思考自己的人生愿景，制定明确的目标，并且为之努力奋斗，成为时间的领航者，创造出更加美好的未来。

合理规划时间，提升生活效率

时间，宛如一条静静流淌的河流，对于每一位女性而言，如何在这条河流中巧妙驾驭自己的生活之舟，实现高效生活，进而成为时间的领航者，合理规划时间无疑是关键所在。

对于女性来说，我们在生活中往往要扮演多种角色，既是职场上的专业人士，又是家庭中的贤妻良母，还是朋友中的知心伙伴，同时我们也渴望追求自己的梦想和兴趣爱好。如果没有合理规划时间，很容易陷入混乱和疲惫之中，无法充分发挥自己的潜力，实现自己的人生价值。

那么，如何合理规划时间呢？

第一步，分析时间使用情况。我们可以通过记录一周的时间日志来了解自己的时间都花在了哪里。详细记录每天从早到晚的活动以及花费的时间，包括工作、家务、休息、娱乐等各个方面。通过分析时间日志，我们可以发现自己时间浪费的地方以及可以优化的环节。比如，你在记录时间日志后发现自己每天在上班路上会花费大量的时间刷社交媒体，而这段时间其实可以用来听有声书籍或者学习英语。于是，你决定改变自己的习惯，在上班路上利用这些时间进行学习，不仅提高了自己的知识水平，还让上班的路途变得更加充实。

第二步，设定优先级。将任务按照重要性和紧急程度进行排序，先完成重要且紧急的任务，然后再处理其他事情。

第三步，制定详细的时间表。根据自己的任务优先级和生活节奏，制定一个详细的时间表，将每天的时间分配给不同的任务。时间表应该包括工作时间、家庭时间、个人时间等各个方面，确保每个方面都能得到充分的关注。

在制定时间表时，要注意合理安排时间，避免过度劳累。可以根据自己的生物钟和精力水平来安排任务，例如在精力充沛的时候处理重要的任务，在疲劳的时候进行一些轻松的活动。比如，早上起床后，头脑比较清醒，可以安排一些需要思考和创造力的工作任务；中午休息时间，可以进行一些简单的放松活动，如散步、冥想等；晚上下班后，可以安排一些家务和休闲活动。

同时，也要留出一些弹性时间，以应对突发情况。生活中总是会有一些意外情况发生，比如突然接到一个紧急任务、孩子生病需要照顾等。如果没有弹性时间，很容易打乱我们的计划，让我们感到焦虑和压力。

第四步，学会拒绝。在生活中，我们常常会遇到各种各样的请求和诱惑，如果不懂得拒绝，很容易让自己的时间被别人占用，无法专注于自己的目标。学会拒绝那些不重要或不紧急的事情，是保护自己时间的重要手段。

第五步，利用工具和技巧。现在有很多时间管理工具和技巧可以帮助我们更好地规划时间。例如，使用时间管理软件来记录任务和提醒自己，可以让我们更加清晰地了解自己的任务清单和时间安排。采用番茄工作法，将工作时间分成若干个25分钟的时间段，每个时间段之间休息5分钟，可以提高我们的工作效率和注意力。学习一些快速阅读和笔记技巧可以节省学习时间。利用待办事项清单、日历等工具可以帮助我们更好地组织和安排任务。

合理规划时间不仅能够让我们的生活更加有序和高效，还能够让我们拥有更多的时间去追求自己的梦想和兴趣爱好。当我们学会合理规划时间后，我们可以在工作之余学习一门新的语言、培养一种新的爱好、参加一些志愿者活动或者和朋友一起旅行。这些活动不仅能够丰富我们的生活，还能够让我们不断成长和进步。

同时，合理规划时间也能够让我们更好地照顾自己的身心健康。我们可以安排时间进行体育锻炼、冥想、阅读等活动，让自己的身体和心灵得到放松和滋养。只有当我们拥有健康的身体和积极的心态时，我们才能更好地应对生活中的各种挑战，实现自己的人生价值。

在合理规划时间的过程中，我们还需要不断地调整和优化自己的时间安排。随着生活的变化和目标的调整，我们的时间安排也需要相应地进行改变。例如，当我们面临新的工作项目或者家庭情况发生变化时，我们可以重新分析时间使用情况，调整任务优先级和时间表，以适应新的情况。

我们也可以定期回顾自己的时间规划，总结经验教训，不断改进自己的时间管理方法。例如，我们可以每周或每月回顾一下自己的时间使用情况，看看哪些地方做得好，哪些地方需要改进。通过不断地调整和优化，我们可以让自己的时间规划更加合理和高效。

让我们珍惜每一分每一秒，学会合理规划时间，创造出更加充实、高效和有意义的生活。无论我们是职场女性、家庭主妇还是追求梦想的创业者，都可以通过合理规划时间，实现自己的人生价值，绽放出属于自己的光彩。

克服拖延顽疾，把握生活节奏

在女性追求高效生活的征程中，拖延症宛如一座隐匿于暗处的暗礁，悄无声息地阻碍着我们前行的航船，使得我们难以成为掌控时间的领航者。它犹如一只贪婪的时间窃贼，偷偷掠走我们宝贵的时光，同时无情地消磨着我们的斗志，让那些原本在计划中熠熠生辉的美好愿景，最终化为泡影。然而，只要我们能够洞悉其本质，并运用科学有效的策略加以应对，便能够成功穿越这片迷雾重重的困境，顺利驶向高效生活的彼岸。

拖延症在日常生活中的表现形式可谓多种多样，俯拾皆是。清晨时分，当闹钟刺耳地响个不停，本应是开启活力满满一天的时刻，可总有一些女性会在温暖的被窝里辗转反侧，一次次按下那"再睡10分钟"的按钮。如此一来，导致上班时匆忙慌乱，妆容潦草不堪，早餐也只能随意应付了事，原本美好的清晨就在这无尽的拖延中变得混乱无序。

工作期间，面对重要的项目任务，她们并非立刻着手规划并执行，而是先选择整理桌面、慢悠悠地泡杯咖啡，接着便开始浏览各种无关网页，直到截止日期如临大敌般逼近，才在满心的焦虑中仓促赶工。这般行事，不仅工作质量难以得到保证，还会让精神压力陡然剧增。

等到晚上回到家中，原本计划着阅读书籍以提升自我，或者进行健身锻炼来保持健康，可却不由自主地窝在沙发里刷手机、追剧，将那些关乎自我成长的目标全然抛诸脑后。日复一日，就这样在原地踏步，徒留满心的懊悔与自责。

拖延症所带来的危害是全方位且影响深远的。从时间维度来看，它就像一头肆意吞噬的巨兽，大量宝贵的时间被其无情侵占，使得各项任务不断积压，计划中的学习、提升与休闲时光也被一一挤占。如此一来，生活节奏被彻底打乱，整个人陷入无尽的忙碌与混乱之中，进而错失了诸多成长以及享受生活的绝佳契机。

在效率层面，由于任务总是在仓促之间完成，错误频发、质量欠佳便成了常态。而返工纠错的过程，又进一步浪费了大量的时间和精力，导致工作学习的成效大打折扣，难以在激烈的竞争中脱颖而出，职业发展与个人成长也因此受到严重阻碍。

对于心理状态而言，拖延所引发的焦虑、自责和压力如影随形，仿佛形成了一个恶性循环的怪圈，不断地侵蚀着我们的自信与自尊，进而影响到人际关系的和谐以及心理健康的稳定。让人逐渐陷入自我怀疑与否定的泥沼之中，难以自拔。

深入探究拖延症的成因，我们会发现诸多因素在其中起着推波助澜的作用。恐惧心理首当其冲，成为拖延行为的重要内在驱动力。对失败的恐惧，使得人们担忧即便付出努力，最终仍未达到预期效果，进而遭人诟病；而对成功的恐惧同样不容忽视，因为成功之后往往伴随着压力的骤增、责任的重大，甚至可能会打破现有的舒适圈，改变原本平稳的生活平衡。

任务本身的性质也会影响拖延行为。倘若任务艰巨复杂，且缺乏清晰明确的步骤与规划，人们很容易望而却步，不知从何入手，进而选择拖延逃避，将其搁置一旁。

不良习惯所具有的"魔力"同样不容小觑。长期沉迷于那些能够带来即时满足的娱乐活动，如刷短视频、玩游戏等，会让大脑对这种轻松愉悦的刺激形成成瘾机制。当面对那些需要延迟满足的任务时，大脑便难以集中精力，更难以付诸实际行动。

此外，环境因素也在一定程度上对拖延症的滋生起到了催化作用。嘈杂干扰的工作学习环境，以及周围人所表现出的拖延行为，都会对个人的专注力与行动力产生干扰，为拖延行为的滋生提供了温床。

要克服拖延症，我们可以从以下多个方面精准施策。

我们应以积极的视角重新诠释任务，将其视为成长的机遇与能力锤炼的契机。例如，把撰写报告当作是提升写作表达能力与专业素养的绝佳机会，而非将其视为一种沉重的负担。通过这样的方式，能够有效激发内在动力，从而变被动为主动，积极投身于任务的完成之中。

拆解任务是攻克拖延症的关键战术之一。我们需要把那些宏大复杂的任务细化为具体可操作的微小步骤。比如筹备一场大型活动，可将其分解为场地预订、嘉宾邀请、流程策划等一个个具体环节，然后逐个击破。这样做不仅能够降低任务的难度，还能减少心理压力，让拖延借口无处遁形。

时间管理技巧的运用同样不可或缺。在每个专注工作的时间段内，全身心投入，保持高效节奏。同时，结合任务优先级排序，先集中处理那些重要紧急的任务，防止时间碎片化以及精力分散，为克服拖延症筑牢坚实的根基。

借助外部监督力量也能有效遏制拖延冲动。我们可以告知家人朋友自己的目标计划，邀请他们对自己进行监督提醒，或者参与线上线下的打卡社群，与其他成员相互激励督促。借助群体的力量，能够增强自身的自律性，让自己在面对拖延诱惑时更有抵抗力。

同时，巧妙设计奖励惩罚机制也颇为有效。当完成任务后，给予自己心仪的奖励，比如看一场电影、购买一件新物品等；

而若出现拖延行为，则接受相应的惩罚，如减少娱乐时间、承担额外的家务等。通过这样的方式，强化行为约束与目标导向，促使自己更加积极主动地完成任务。

塑造专注高效的环境氛围至关重要。我们需要清理工作学习空间中的杂物干扰，营造出一个整洁有序、光线适宜的环境。利用时间管理软件、降噪耳机等工具，阻断外界的诱惑与干扰，助力自己沉浸于工作学习之中，让拖延行为无处藏身。

在克服拖延症的漫漫征途中，心态调整是持续提供动力的源泉。我们要接纳自身的不完美，允许失误与挫折的存在，将拖延视为一种可战胜的挑战，而非性格上的缺陷。以平和的心态面对拖延问题，能够有效减少内心的焦虑与内耗。

每次战胜拖延都可视为一次小胜利，我们应当记录并回顾这些成就时刻，不断积累信心与正能量，为后续的挑战注入持久动力。通过这样的方式，培育坚韧不拔、积极进取的精神品质，稳扎稳打地成为时间的真正主人，开启女性高效生活的新篇章，在人生舞台上绽放璀璨光彩，用高效的行动与丰硕的成果书写属于自己的辉煌传奇，掌控时间节奏，主宰生活航向，驶向梦想彼岸，拥抱充实、满足与无限可能的未来。

打造专注，提升效率

一个精心营造的专注环境，不仅能够有效地屏蔽外界的喧嚣纷扰，更能深度契合女性的独特需求与细腻特质，从而成为激发潜能、提升效率与品质的强大助推器，让每一分每一秒都能释放出璀璨夺目的价值光芒。

专注力，宛如聚光灯那精准的聚焦功能，是将时间转化为高效成果的神奇魔法棒。在宁静专注的氛围中，女性能够如同技艺精湛的工匠，全身心地沉浸于手头的事务之中。思维如同灵动的飞鸟，在创意与逻辑的天空中自由翱翔，精准地捕捉灵感火花，细腻地雕琢细节纹理。如此一来，工作学习的成效呈指数级攀升，错误疏漏大幅减少，任务完成时间显著缩短。

在家庭生活方面，专注同样能带来诸多益处。它能让女性更加敏锐地洞察家人的需求，在烹饪美食时倾注满满的爱心，用心调味；在进行家务整理时，能够精心规划布局；在亲子互动时，更是全情投入地倾听与陪伴。亲情纽带在专注的滋养下愈发坚韧，家庭氛围变得温馨和谐，生活品质也因此得到显著提升。每一刻相处时光都仿佛烙印下珍贵而温暖的回忆，成为高效生活与幸福人生的坚实基石。

然而，现实生活中诸多干扰因素如同隐匿在暗处的幽灵，时刻威胁着女性的专注力与时间价值。在现代生活的开放式办公布局下，虽然促进了交流协作，但也使得闲聊声、键盘敲击声、电话铃声交织成一曲嘈杂的"交响曲",严重扰乱了思绪的节奏。

家中客厅电视的嘈杂声响、孩子的嬉闹呼喊,仿佛无形的绳索,牵扯着人们的注意力。电子设备的信息轰炸,社交软件的消息提示、新闻资讯的海量推送,犹如迷魂烟雾,诱人深陷分心陷阱,导致时间在不经意间碎片化流失,专注与高效瞬间化为泡影,生活也随之陷入忙碌无序的混沌漩涡。

为了重塑专注环境、重铸时间价值,女性需要从物理、数字与心理等多个维度精准发力,构筑起一座坚不可摧的专注"堡垒",开启高效生活的新篇章。

在物理空间优化上,工作区域应被精心雕琢成专注的"圣地"。简约风格为主旋律,桌面仅陈列当下任务必需的物品,文件资料分类归档,办公用品整齐排列,营造出视觉上清爽无杂物的环境,让思绪能够如澄澈的溪流般轻快流淌。

家庭空间亦需打造专属的宁静角落,比如书房或阳台的一角,配备舒适的桌椅、柔软的坐垫,周围环绕着温馨的绿植,光线与温度宜人。这里将成为阅读、手工、冥想等活动的心灵栖息地,女性在此能够暂别日常琐碎,回归自我,滋养身心,重拾能量,以从容优雅的姿态穿梭于家庭与自我世界之间,让家庭时光温馨满溢,个人成长稳步迈进,高效生活的美好图景在家的港湾中徐徐铺展。

数字环境的"断舍离"同样关键。对于通知权限,应进行精细管理，将非紧急重要的软件设置为静音或关闭推送，定时批量处理消息，以此夺回信息掌控权，避免分心。在手机使用规则方面，需严苛订立，工作学习时段限制娱乐社交软件的开启，或借助专注 APP 强制锁定，打破手机沉迷的"魔咒"，让时间重新凝聚，专注深度拓展，从而高效完成任务，于数字时代保持清醒自律，掌控生活节奏，让时间为有意义之事充分赋能，绽放女性高效智慧的光芒。

电脑界面也需进行"瘦身减负"，清理无关软件的快捷方式，对文件夹进行分类整理，使桌面简洁有序，文件搜索高效便捷，确保工作流程顺畅无阻，效率大幅跃升，时间浪费无处遁形，让专注精力能够全心倾注于任务核心，于虚拟世界搭建专注高效的"工作台"，助力女性在数字浪潮中驾驭时间、成就非凡。

心理调适则是专注环境的核心"引擎"。冥想放松练习犹如静谧的港湾，能帮助女性停泊心灵之舟，排除杂念纷扰，增强内心定力。每日只需片刻冥想，思绪便能沉淀、压力得以缓释，专注力如破土幼苗般茁壮成长，面对复杂事务时能够从容淡定，时间分配游刃有余，高效完成任务且享受过程，生活节奏张弛有度，幸福指数稳步上扬。

积极心理暗示恰似明亮的火把，能够驱散自我怀疑的阴霾。面对挑战任务时，坚信自己的能力，将"我专注，我高效，我能行"的信念深植心底，激发潜能、点燃斗志，让注意力如精准的导航仪锁定目标，时间利用高效合理，成果质量卓越出众，于心理战场铸就专注"铠甲"，以强大的内心主宰时间，在生活舞台上闪耀自信坚韧的光芒，成为时间真正的领航者。

随着专注力的持续提升与环境的深度优化，时间的利用效率将实现质的飞跃，曾经遥不可及的梦想也将逐渐触手可及，生活的各个角落都将被高效的光芒所照亮，绽放出前所未有的璀璨光彩，成为时间的真正主宰者，在人生的广阔天地中自由驰骋、快意前行，收获满满的成就感与幸福感，为自己、为家庭、为社会创造出源源不断的价值与温暖，奏响时代奋进旋律中属于女性的激昂乐章，展现出坚韧不拔、智慧优雅的独特魅力与无穷力量。

巧用碎片化时间，积少成多增效

在时代的宏大叙事中，女性作为其中灵动且坚韧的笔触，正凭借着对碎片化时间的精妙运用，巧妙改写着生活的脚本，重塑着自我与世界的关联。

回顾往昔，传统观念曾如无形的樊篱，将女性的角色限定在既定框架之内，时间的分配亦被刻板模式所桎梏。然而，当今社会的迅猛发展如强劲东风，吹破了这层禁锢的茧缚，为女性开启了多元发展的新篇章。但新机遇亦携新挑战纷至沓来，家庭结构的多元演变、职场竞争的白热化升级、个人成长需求的持续攀升，诸多要素相互交织、碰撞，使得女性的时间管理难题愈发凸显。而恰是在这般复杂情境下，碎片化时间的高效利用成为女性破局突围、重掌生活主导权的关键密钥。

聚焦职场赛道，会议间隙的短暂休憩、出差途中的飞行时光，皆是可资利用的宝贵资源。借助便携电子设备，她们能够迅速梳理项目思路、精准研习行业报告、踊跃参与线上研讨，于分秒必争间洞悉市场动态、把握前沿脉搏，让灵感在零碎时段中持续涌流、创意在片段时光里孕育萌生，工作效率直线跃升，职业发展路径得以拓宽延展，逐步构建起稳固坚实的职场优势"护城河"，以实力与智慧重塑职场格局，为职业理想的进阶攀登铺就坚实阶石，用卓越成就书写属于女性的职场荣耀。

再看家庭场景，碎片化时间宛如细腻温情的针线，巧妙缝合着家庭关系的锦缎，使其更为紧密坚韧。等待洗衣机完成洗涤循环的片刻，足以精心挑选一本适合亲子共读的绘本，待衣物洗净烘干，便与孩子依偎在沙发角落，开启奇幻阅读旅程，在文字与图画交织的世界里，深化情感纽带、激发孩子求知欲与想象力，以爱为墨、以时光为笺，书写亲子关系的温馨篇章。

展望未来，随着科技的革新突破、社会观念的持续蜕变，碎片化时间的形态与价值将被深度重塑与拓展升华。人工智能助手将化身贴心时间管家，依个性化需求与情境动态，精准规划碎片时段利用方案，推送适配资讯与任务建议，实现时间利用效益最大化；虚拟社交与协作平台将无缝嵌入生活缝隙，打破时空拘囿，让女性在碎片化时间里深度联结全球智慧资源，共研创新项目、分享生活智慧。

第六章

重塑职业竞争力职场

职场是女性展现魅力与才华的舞台。在这一章,择业时,你将追随内心的热爱,开启幸福的职场之旅。专注是职场成功的关键,以最佳状态投入工作,铸就职场辉煌。事业能让女性的魅力绽放,持续学习是职场晋升的阶梯。团队协作凝聚力量,共同创造辉煌。面对挫折,勇敢前行,因为这是职场成长的必经之路。

择业追随热爱，开启幸福职场

大学毕业之际，众多女孩子们怀揣着对独立的热切渴望，迫不及待地踏上求职之路。当她们幸运地觅得一份看似薪资优渥、待遇良好的工作时，却可能沮丧地发现，无论自己如何全力以赴，工作成效却总是不尽如人意，甚至不禁开始质疑自身能力。

然而，深入剖析后便会知晓，这一状况往往与能力、学识并无直接关联。实际上，选择的重要性远超努力本身。一个人若能精准找到契合自身的职业方向，往往能收获事半功倍之效；反之，若选错了方向，即便付出再多努力，可能也只是枉费心力。

就拿那位内向的计算机专业女孩来说吧，她虽对自己的专业饱含热爱，却因父母对公务员职业的青睐，而选择了这条看似光鲜亮丽的道路。她为此付出了艰辛努力，成功通过笔试，然而在面试环节，由于不善言辞，最终遗憾落选。这一年的心血付出，仿佛瞬间化为泡影，她满心困惑与迷茫，不禁思索为何"有志者事竟成"的至理名言在自己身上却失灵了。

其实，她的失利并非源于努力不够，关键在于她所选择的职业并非自己真心热爱的。对于女性而言，若想在职场中崭露头角、取得成功，首要之事便是寻觅一份真正令自己倾心的工作。因为热爱，所以才会全身心投入；而全身心投入，方能从中体验到满足与快乐，进而收获成功的喜悦。

乔布斯在斯坦福大学毕业典礼上的那句名言："你的时间有限，所以不要将其浪费在别人的阴影之中。不要让他人的意见淹没了你自己内心的声音。"深刻地道出了选择的重要性。正如心理学中的"瓦拉赫效应"所揭示的那样，每个人都有自己擅长的领域和钟爱的事物。

奥托·瓦拉赫，曾经被视作"笨拙"的学生，在文学和油画领域均未有所建树。然而，当他在化学世界里找到了自己的热爱所在时，他的智慧之火瞬间被点燃，最终荣膺诺贝尔化学奖。这一华丽转身，正是源于他找到了自己真正热爱且擅长的事业。

如今，无论男女，在择业时都需审慎抉择。要知道，工作占据了我们日常生活近三分之一的时间，拥有一份自己心仪的工作无疑是最为幸福快乐的事。热爱能驱使我们全力以赴，让我们在每一次努力中都清晰地感知到与理想的距离正逐渐拉近；热爱能促使我们更加投入地工作，从而收获更多的快乐与成就感；热爱还能让我们在工作中展现出更高的品质，赢得更多人的认可与支持。当我们真正热爱自己的工作时，我们会自然而然地变得自信、乐观，散发出迷人的魅力。

专注制胜，职场成功的不二法门

在工作过程中，许多人常常难以集中精力，不时抱怨工作乏味无趣、缺乏热情。其实，这往往是因为未能全身心投入工作所致。当我们全心全意、心无旁骛地专注于某项工作时，便能达到忘我的境界，进而发现工作中潜藏的乐趣。

在职场上，专注与认真是每一位职场人士不可或缺的职业素养。当你能够专心致志地从事一项工作时，那种无聊感便会如过眼云烟般消散无踪。唯有真正投入到当下的工作中，我们才能创造出巨大的价值，为企业赢得更多的利润。

无论何时，我们都应力求将工作做到极致。那些在工作中专注认真的人，往往能将任务完成得更为出色。对于那些无法专注于工作的员工，企业通常不会给予重用，毕竟心不在焉的工作态度难以确保工作质量。相反，专注工作的人更善于把握机遇，也更容易获得上司的赏识。

我们应当专注于手头正在进行的事情，因为只有当我们的注意力高度集中时，大脑才能高效运转，从而更有效地完成工作。倘若分散注意力，同时处理多个任务，工作效率必然会大打折扣，而且还容易出错。所以，我们应当有条不紊地处理各项事务，一件接着一件地完成，以保持清晰的思路。

艾佳在出版社从事图书校对工作，从上班第一天起，她就告诫自己要专注于此。她将全部精力都倾注到校对工作中，因此她的工作总是既出色又高效。她曾和同事分享，一旦坐在办公桌前，就不会再去想其他事情，即便只剩下最后几页书稿，也不会分心去考虑另一部书稿。渐渐地，她发觉专注让原本枯燥无味的校对工作变得趣味盎然。

当我们全神贯注于一件事情时，仿佛整个世界就只剩下这一件事，这种专注所带来的工作效率是难以估量的。专注能让浮躁的心沉静下来，因为当精力集中后，我们会全力以赴地对待眼前的工作，从而专注于任务本身，不再心生厌烦之感。

那些在职场上取得成功的人士，往往都习惯专注于工作，甚至将专注视为自己的使命。众多企业都期望员工能够专注做事，因为专注已然成为衡量一个人职业品质的重要标准之一。专注的人会全身心地投入工作，彰显出务实和爱岗敬业的精神。

倘若在工作时脑海里还想着其他事情，比如昨天的电视剧剧情或者今天的聚会计划，那么就无法安心工作，更无法做到专注。缺乏专注，就会丧失工作热情，更不可能在工作中取得突破。长此以往，我们只能在混乱与无助中度过工作时光，最终丧失职场竞争力。

唯有养成专注的良好习惯，我们的工作才能变得高效且充满趣味。在任何企业中，只有习惯专注的员工才能创造出出色的业绩，赢得企业的信任。专注能助力一个人更好地完成工作，实现自身的目标。

在接受任务时，我们不应满足于尚可的成绩，而要努力追求卓越。"没有最好，只有更好"，这是飞利浦公司的口号与工作理念。如果能把工作做到百分之百，那又何必满足于百分之九十九呢？专注于工作，就不会满足于现有的成绩，而是会更加努力地去完善自己的工作。因此，无论是在具体工作层面还是个人事业发展方面，专注认真、爱岗敬业、尽心尽力都是一名员工必须具备的基本品质。

若不想成为团队中最薄弱的一环，那就需要不断提升自己，专注于工作，持续学习并提高自身竞争力，进而实现自身最大价值。

请牢记：认真能帮你把事情做对；经验能帮你把事情做成；而唯有专注，才能把事情做好！无论从事何种工作，只要你具备专注的精神，就一定能够取得成就。

以最佳状态铸就职场辉煌

你对待工作的态度，将直接决定你工作时的状态。那些热爱工作、对自己的职业倾注心血的人，即便从事的是平凡无奇的工作，也能创造出非凡的成就；相反，那些将工作视为负担、缺乏责任感的人，即便身处关键岗位，也难以取得显著成果。

以最佳状态投入工作，不仅是工作本身对我们的要求，更是我们实现自我激励与成长的必由之路。一个缺乏工作状态的人，不仅无法胜任本职工作，还可能将消极情绪传递给同事，导致整个团队士气低落。而一个在工作中始终充满激情、保持高效的人，能够带动整个部门乃至团队的效率大幅提升，这样的员工自然会深受老板的青睐。

以最佳状态工作，对公司的发展有益，对个人的职业发展更是至关重要。良好的状态能让我们更快地适应新工作，学习更多跨部门的工作经验和技能，为未来的升职和创业奠定坚实基础。

那么，究竟什么是最佳状态呢？依据现代管理学的观点，最佳状态意味着在岗位上尽职尽责、毫不懈怠、不敷衍了事，能够主动开展工作，并在实践中不断提升自身的业务能力和水平。

然而，是什么会阻碍我们发挥最佳状态呢？答案是厌烦。一旦对工作产生厌烦情绪，我们就会失去最佳状态，变得敷衍塞责。工作内容的单调、枯燥往往会消磨我们的热情，让我们感觉自己仿佛沦为了一台重复劳作的机器。

在职场中，很多人因长期从事同一岗位而逐渐丧失新鲜感，这是一种正常的心理现象。即便是自己热爱的事物，若长时间重复去做，也会产生厌倦之感。因此，在厌倦和烦躁的情绪笼罩下，我们很难全身心投入工作，自然也就无法达到最佳状态。

不过，工作的单调和枯燥在所难免。关键在于我们要如何调整心态，为工作增添新意。只有这样，我们才能时刻保持最佳状态。

其实，任何工作都存在其重复单调的一面，关键在于我们以何种心态去面对。我们可以通过多种方式让自己保持最佳状态。在事业发展进程中，以最佳状态工作所展现出的敬业精神，会让我们深深爱上所从事的职业，即便起初这份职业并不被看好，但在敬业精神的驱使下，我们仍能专心致志地投入工作，达到理想状态。

在竞争激烈的现代职场，敬业是成就大事不可或缺的重要条件。它是强者之所以强大的重要原因，也是弱者转变为强者应当具备的职业品质。若能以敬业精神对待工作，并将其转化为行为习惯，无论从事何种行业，都能脱颖而出，成为行业精英。

在职场中，加薪升职的机会比比皆是。关键在于我们是否以爱岗敬业的态度看待职业。热情或是冷漠，将决定我们在工作中的成败。并非每个员工都具备出色的业务能力，但爱岗敬业的态度却是每位员工必备的素质。它是每一位优秀工作者都应具备的品质。

爱岗敬业、细心负责、以最佳状态做好工作，是职场人士必备的素质。这一素质的高低将直接影响职业道路的长短，因为它对事业发展起着核心作用。让我们以最佳状态迎接每一个工作日，铸就职场辉煌！

事业是女性魅力绽放的璀璨舞台

事业，对于女性而言，绝非仅仅是一种谋生手段，它更是女性享受生活、重拾自信的广阔舞台。拥有事业的女性，摆脱了"花瓶"的偏见束缚，将宝贵的时间和精力倾注于学习、工作以及生活的方方面面。在事业的磨砺过程中，女性不断成长，她们对生活的包容与理解得以深化，思想境界也得到升华，这些都宛如璀璨的明珠，闪耀着内在美的光芒。

事业赋予女性一种从容不迫、处变不惊的优雅气质，这是任何化妆品和整容手术都无法企及的。它让女性从琐碎的家庭事务中解脱出来，步入更为广阔的天地，不断充实自我，开阔视野，提升魅力，净化心灵。事业使女性能够充分挖掘并展现自身的优势，实现自我价值，赢得尊严与尊重。

女性应时刻保持危机意识，切不可将安逸的家庭生活视作永恒的避风港。尤其是家庭主妇，更应当勇敢地走出家庭，融入社会，接纳新事物，以免在一成不变的生活中迷失自我，引发伴侣关系的变化。

事业，是女性最美的风采所在。与其依赖他人给予的庇荫，不如亲手栽种一棵树，让它在自己的精心培育下茁壮成长。这棵树不仅能为自己遮风挡雨，还能为他人提供庇护。这样的女性，无论身处何种境遇，都能自信地仰望天空，沐浴在阳光之下。

懂得经营事业的女性，不会将生活的希望寄托在他人的

"施舍"上。她们明白，在逆境中更要挺直脊梁，以明媚的笑容支撑自己。只有在事业中绽放光彩，女性才能真正实现强大与美丽。

青春年少时，女性的美貌是自然赋予的优势；步入中年后，女性的魅力则更多源自对生活的热爱与事业的成就。用事业装点自己的女性，不会抱怨生活的艰辛与人性的复杂。她们深知，人生如同洗牌，需要不断重组与取舍。她们在事业中寻觅温暖，将自己打造成一道亮丽的风景线。

事业，展现了女性最动人的风采。她们在工作中展现出的激情，面对挫折时的坦然与坚韧，以及与事业融为一体的从容不迫，都散发着发自内心的灿烂光芒。这种宽广的胸怀，超越了任何外在的修饰，成为女性最耀眼的魅力所在。

事业，是女性最绚烂的风采。拥有事业的女性，拥有无坚不摧的自信、光辉与幸福。

在当下社会，女性若缺乏自立之本，无法自给自足，仅仅依附于男性，真的能确保幸福安稳吗？

其实，在多数男性心中，他们更渴望伴侣能成为与自己并肩作战、心有灵犀的知己。因此，作为女性，不难发现，在这个推崇个人奋斗的时代，唯有自己先干得出色，生活才更有保障，靠自己才是最可靠的。在事业与婚姻之间寻求平衡，双方各有事业，经济独立，携手共进，方能共同品味幸福的滋味，感受爱情的甜蜜。

什么样的女性最美丽？独立的女性最美丽。时代潮流已变，如今的男性所追求的早已不是只会撒娇、等待回报的女性，他们真正需要的是一位助手、一个伙伴，而非一个需要时刻照顾的小女孩。女性必须明白，男性也有脆弱的一面，同样需要他人的扶持，同样具有强烈的依赖性。在男性眼中，处处显得无助的女性连自己都照顾不好，又怎能照顾他人呢？

在当今越来越重视女性价值的背景下，一些女性开始在婚姻之外寻求更加独立的人格和尊严。婚姻，不再是现代女性生命中唯一重要的选择和归宿，它被赋予了更深层的意义。女性既要拥有事业，又要经营好婚姻。事业能让女性在精神上找到寄托，同时使女性在经济上获得独立。

事业让优雅的女性始终置身于社会交往之中，心态永远年轻。聪明的女性应该拥有自己的工作，不能抱有"干得好不如嫁得好"的依赖思想。即使家庭生活不需要你的收入，哪怕收入再少，也不要放弃工作，因为你要的不是那些收入，而是工作带给你的自信。

当女性真正面对丈夫的背叛时，有工作的女性会更有尊严。虽然物质生活水平可能会降低，但作为人的尊严是不能打折的。

越来越多的现代女性早已不再将结婚、家庭视为自我实现的终点，而是强烈地将事业视为与爱情、家庭同等重要的人生支柱。爱情固然是生活的重要组成部分，但它绝非生活的全部。一个追求事业成功的人，可以把握住事业陪伴自己一生，但一个追求爱情的人却永远无法确保爱情能陪伴自己一辈子。爱情是最不稳定的因素，是最难保鲜的。唯有从事自己喜欢的工作，取得令自己满意的成绩，才能永远证明自己的价值。

在当今社会，我们可以看到无数鲜活的例子，充分展现了事业对于女性的重要意义以及它所赋予女性的独特魅力。

事业对于女性而言，是一个可以不断挖掘自身潜力、展现个性魅力的广阔天地。

拥有事业的女性，在经济上能够实现独立，不再依赖他人的经济支持。这种经济独立给予她们在生活中更多的自主选择权，可以按照自己的意愿去追求想要的生活方式，无论是旅行、学习新技能还是参与各种社会活动。

同时，事业也是女性社交的重要平台。通过工作，她们结识了各行各业的人，拓展了自己的人脉圈子，丰富了人生阅历。在与同事、合作伙伴以及客户的交往中，她们学会了沟通、协作与妥协，不断提升自己的社交能力和情商。

而且，事业能够让女性在面对生活中的变故时更加从容，即使遇到诸如家庭矛盾、经济困难等问题，有一份稳定的事业也能让她们有底气去应对，不至于在困境中无所适从。

然而，在追求事业的道路上，女性并非一帆风顺。她们往往需要在家庭和事业之间寻找平衡。比如，一位职业女性可能在孩子生病需要照顾的时候，却因为工作上的重要项目无法脱身；或者在面临升职机会时，又担心家庭的负担会因此加重。

但正是这些挑战，让女性不断成长和成熟。她们学会了合理安排时间，提高工作效率，同时也更加珍惜与家人相处的时光。许多成功的职业女性都找到了适合自己的平衡方式，既能在事业上取得成就，又能兼顾家庭的幸福。

在当今越来越重视女性价值的背景下，社会也为女性提供了更多发展事业的机会和空间。各类针对女性的创业扶持政策、职业培训项目不断涌现，鼓励女性勇敢地迈出追求事业的步伐。

女性自身也应该更加坚定地树立起发展事业的信念。不要因为暂时的困难或者外界的质疑而放弃自己的梦想。要相信，只要坚持下去，凭借着对事业的热爱和自身的努力，一定能够在事业的舞台上绽放出属于自己的璀璨光芒。

总之，事业是女性最绚烂的风采，它承载着女性的梦想、自信与幸福。无论是在波澜壮阔的商业战场，还是在平凡琐碎的日常工作岗位，女性都可以通过事业展现出自己的魅力，实现自己的人生价值，成为生活中一道亮丽的风景线。

持续学习，助力职场晋升

在当今飞速发展的时代，职场如同一座不断变幻形态的竞技场，知识与技能的更新换代速度之快令人咋舌。对于女性而言，要想在职场这片广阔天地中站稳脚跟，并实现持续的晋升，持续学习无疑是那股源源不断的动力源泉。

许多女性在初入职场时，凭借着自身所学的专业知识和满腔的热情，或许能够在短期内取得一定的成绩。然而，随着时间的推移，若仅仅依赖于初始的知识储备，便会逐渐发现自己在面对新的工作任务、新的行业趋势时显得力不从心。这就好比驾驶着一艘起初装备精良的船只出海远航，但如果途中不进行船只的升级改造、补充新的航行知识与技能，迟早会在变幻莫测的海洋中迷失方向。

以科技行业为例，曾经那些精通传统编程语言的程序员们，如果在人工智能兴起的浪潮中，未能及时学习相关的机器学习、深度学习算法等新知识，很快就会发现自己的编程技能逐渐跟不上项目的需求，面临着被边缘化甚至淘汰的风险。同样，在市场营销领域，过去擅长传统广告投放与线下推广的营销人员，若不了解如今数字化营销的种种手段，如社交媒体营销、搜索引擎优化等，也难以在竞争激烈的市场中为企业开拓出新的业务增长点。

持续学习的重要性不仅体现在跟上行业发展的步伐上，

更在于它能够为女性开辟新的职业发展路径。通过不断学习新的知识领域，女性可以从原本单一的职业角色中跳脱出来，转型成为复合型人才，从而获得更多晋升的机会。

比如，一位从事财务工作多年的女性，在掌握了扎实的财务知识后，通过自学数据分析和相关的财务软件编程知识，成功地将自己的职业方向拓展到了财务数据分析领域。她不仅能够为企业提供更精准的财务分析报告，还在公司的数字化转型过程中发挥了重要作用，进而获得了晋升的机会，从一名普通的财务专员晋升为财务数据分析主管。

那么，女性在职场中该如何进行有效的持续学习呢？

首先，明确学习目标是关键。要结合自身的职业规划和当前工作的需求，确定自己想要学习的具体内容。是提升专业技能，如学习新的设计软件对于设计师来说；还是拓宽知识领域，比如市场营销人员学习心理学知识以更好地把握消费者心理。只有明确了目标，学习才不会盲目，才能有的放矢。

其次，制定合理的学习计划。根据学习目标，将学习内容分解成一个个可操作的小目标，并安排好相应的学习时间。可以利用碎片化时间进行线上课程学习、阅读专业书籍等。例如，一位职场妈妈，每天利用上下班途中的时间听有声书学习英语，晚上等孩子入睡后再抽出一个小时系统学习专业课程，通过长期坚持，她的英语水平和专业知识都得到了显著提升。

再者，善于利用各种学习资源。如今，网络上充斥着海量的学习资源，从各类在线学习平台提供的付费课程，到免费的学术讲座视频、行业论坛交流等。女性要学会筛选并充分利用这些资源，找到适合自己学习风格和进度的内容。比如，有人适合通过观看视频教程学习，那就可以多关注一些知名教育机构在视频平台上发布的相关课程；有人则更喜欢阅读文字资料，那么专业书籍、行业报告等就是很好的选择。

此外，实践是检验真理的唯一标准，将所学知识应用到实际工作中同样重要。通过在工作中尝试运用新学到的知识和技能，不仅可以加深对所学内容的理解，还能及时发现问题并进行调整。例如，一位从事人力资源工作的女性，学习了新的员工激励理论后，立即在部门内部尝试推行新的激励方案，根据实施过程中的反馈不断优化方案，最终提高了员工的工作积极性和团队的整体绩效。

持续学习是一个长期的过程，需要女性保持坚定的毅力和积极的心态。在这个过程中，可能会遇到各种困难，比如学习时间紧张、新知识难以理解等。但只要坚持下去，每一次克服困难都是一次成长的机会，每一点新知识的积累都将为职场晋升打下坚实的基础。

总之，在职场这个充满机遇与挑战的舞台上，持续学习是女性实现职业晋升、绽放卓越风采的必经之路。只有不断汲取新的知识养分，才能在时代的浪潮中乘风破浪，驶向事业的成功彼岸，成为职场中令人瞩目的璀璨之星。

团队协作，凝聚力量共创辉煌

在现代职场的宏大画卷中，团队协作犹如那细腻而坚韧的丝线，将每一位成员紧密地编织在一起，共同勾勒出一幅幅绚丽多彩的成功画卷。对于女性来说，掌握团队协作的艺术，不仅能够助力她们在职场中更好地发挥自身优势，更能凝聚团队的力量，共创辉煌的业绩。

在一个团队中，女性往往凭借着自身细腻的情感感知、出色的沟通能力以及善于协调关系的特质，为团队带来独特的价值。然而，要实现真正有效的团队协作，并非仅仅依靠这些天然优势就能达成，还需要深入理解团队协作的各个环节，并积极付诸实践。

以一个项目制的软件开发团队为例，团队成员包括程序员、测试人员、设计师、项目经理等不同角色。在项目推进过程中，程序员负责编写代码实现软件的功能，测试人员要对开发完成的功能进行严格测试，找出可能存在的漏洞，设计师则要确保软件界面的美观与易用性，项目经理需要统筹协调各方资源，确保项目按计划进行。

在这个过程中，如果团队成员之间缺乏协作精神，各自为政，那么项目很可能会陷入混乱。程序员可能会按照自己的想法开发出不符合用户需求的功能；测试人员由于不了解开发进度，无法及时开展测试工作；设计师与程序员沟通不畅，导致软件界面与功能实现脱节；项目经理无法有效协调各方，项目进度就会严重滞后。

相反，当团队成员能够充分发挥团队协作精神时，情况就会大不相同。程序员在开发过程中会及时与设计师沟通软件界面的设计需求，确保代码实现与界面设计相匹配；测试人员会提前了解开发进度，与程序员密切配合，及时发现并解决代码中的问题；设计师也会主动与其他成员交流，根据反馈调整设计方案，使其更符合实际应用场景；项目经理则能统筹全局，合理分配资源，及时解决团队成员之间的矛盾和问题，确保项目顺利推进。

那么，女性在职场中如何更好地参与团队协作呢？

首先，要树立正确的团队意识。要明白团队的整体目标高于个人目标，个人的努力和成就都是为了实现团队的共同目标。只有当团队取得成功时，个人才能真正获得更大的价值体现。就像在一场足球比赛中，每个球员的个人技术固然重要，但只有大家齐心协力，朝着赢得比赛的目标共同努力，球队才能最终获胜，球员个人也才能在胜利中收获荣誉和成长。

其次，提升沟通能力是关键。良好的沟通是团队协作的基石。女性本身具有较强的沟通天赋，但在职场环境中，还需要进一步提升沟通的精准性、有效性和及时性。在与团队成员沟通时，要清晰地表达自己的想法和观点，避免含糊不清或产生歧义；要认真倾听他人的意见和建议，给予充分的尊重和回应；要及时反馈工作进展和问题，让团队成员能够及时了解情况并做出相应的调整。例如，在一个营销策划团队中，负责文案撰写的成员在与负责市场调研的成员沟通时，要准确传达文案创作的需求，同时认真倾听调研结果，根据调研反馈及时调整文案内容，以确保营销策划方案的有效性。

再者，学会换位思考也是非常重要的环节。在团队协作中，每个人都有自己的角色和职责，也会有不同的想法和关注点。女性要善于站在其他成员的立场上思考问题，理解他们的难处和需求，这样才能更好地协调关系，化解矛盾。比如，在一个销售团队中，当销售代表与后勤人员因为发货时间问题产生矛盾时，销售代表如果能换位思考，理解后勤人员可能面临的订单处理压力和物流安排困难，而后勤人员也能理解销售代表为了满足客户需求的急切心情，双方就能通过协商找到一个合适的解决办法，避免矛盾升级，从而保障团队的正常运转。

此外，积极主动地承担责任也是团队协作中不可或缺的品质。在团队中，不应该有"事不关己，高高挂起"的心态，而是要积极主动地参与各项工作中，遇到问题主动承担责任并寻求解决办法。例如，在一个项目团队中，当项目出现延误的风险时，团队成员不能相互推诿责任，而是要一起分析原因，主动承担自己在其中的责任，并共同制定解决方案，确保项目按时完成。

最后，要注重团队氛围的营造。一个和谐、积极、向上的团队氛围能够极大地促进团队协作的效果。女性可以通过关心团队成员的生活、组织团队活动等方式，增强团队成员之间的感情，提高团队的凝聚力。比如，在一个办公室团队中，女性成员可以定期组织聚餐、户外拓展等活动，让大家在工作之余放松心情，增进彼此之间的了解和信任，从而在工作中更加默契地协作。

总之，团队协作是职场女性实现自身价值、推动事业发展的重要途径。通过掌握团队协作的艺术，女性能够凝聚团队的力量，与团队成员一道共创辉煌的业绩，在现代职场的舞台上绽放出独特的光芒，成为团队中不可或缺的重要力量。

应对挫折，职场成长的必经之路

在职场这片广袤的天地里，挫折就如同那隐藏在道路两旁的荆棘，时不时地会刺痛前行的脚步，让人心生痛楚，却又无法回避。对于女性而言，应对挫折的能力不仅关乎着能否在职业生涯中继续前行，更影响着她们能否从挫折中吸取教训，实现职场的真正成长。

许多女性在初入职场时，怀揣着美好的憧憬和无限的热情，仿佛看到了一条通往成功的光明大道在眼前铺开。然而，现实往往是残酷的，工作中的困难和挫折可能会接踵而至。

比如，一位刚毕业进入广告公司的年轻女性，满心期待着能够在创意设计领域大展拳脚。可是，在她参与的第一个项目中，她精心设计的广告方案却被客户一口否决，理由是不符合品牌形象和市场定位。这对于初出茅庐的她来说，无疑是一个沉重的打击，她开始怀疑自己的能力，心情变得十分低落。

再如，一位在企业从事管理工作多年的女性，在公司进行组织架构调整时，原本属于她的管理岗位被撤销，她被调到了一个相对边缘的部门，从事一些琐碎的工作。这一变动让她感到十分失落，觉得自己多年的努力仿佛付诸东流，对未来的职业生涯也陷入了迷茫之中。

这些挫折虽然会给女性带来暂时的痛苦和迷茫，但它们并非毫无意义。事实上，挫折是职场成长的必经之路，它能让女性更加深刻地认识自己，了解自己的不足之处，从而有针对性地进行改进和提升。

当那位广告公司的年轻女性在经历了广告方案被否决的挫折后，她开始反思自己对品牌形象和市场定位的理解是否准确，是不是在设计过程中过于注重个人创意而忽视了客户的实际需求。于是，她主动向资深同事请教，学习更多关于品牌营销和市场调研的知识，重新审视自己的设计思路。在后续的项目中，她的设计方案逐渐得到了客户的认可，她自己也在这个过程中成长为一名更优秀的创意设计师。

同样，那位被调岗的企业管理女性，在经历了岗位变动的挫折后，她开始重新评估自己的管理能力和职业规划。她发现自己在沟通协调方面可能存在一些不足，导致在组织架构调整中未能更好地维护自己的利益。于是，她报名参加了相关的管理培训课程，加强自己的沟通能力和人际关系处理能力。在新的岗位上，她努力工作，通过出色的表现逐渐获得了领导和同事的认可，最终又回到了重要的管理岗位上。

那么，女性在职场中如何更好地应对挫折呢？

首先，要保持积极的心态。挫折来临之时，不要陷入消极的情绪中无法自拔，而是要相信挫折只是暂时的，它是为了让自己变得更强。就像凤凰涅槃，只有经历过烈火的焚烧，才能重生为更加美丽的凤凰。要学会用乐观的眼光看待挫折，把它当作是一次成长的机会，一次提升自己的契机。

其次，要冷静分析挫折产生的原因。在遭遇挫折后，不要盲目地自责或抱怨，而是要静下心来，仔细分析导致挫折的各种因素。是自己能力不足？还是外部环境的影响？或者是沟通不畅等其他原因？只有明确了原因，才能有针对性地采取措施进行改进。

再者，要制定应对挫折的具体计划。根据分析出的原因，制定出相应的改进措施和行动计划。如果是能力不足，那就制定学习计划，提升相关能力；如果是沟通不畅，那就加强沟通技巧的学习和训练；如果是外部环境的影响，那就想办法适应环境或者寻找新的发展机会。

最后，要坚持到底，不轻易放弃。应对挫折是一个长期的过程，可能会遇到各种困难和反复。但只要坚持下去，每一次克服困难都是一次成长的记录，每一次坚持下来都能让自己离成功更近一步。

职场中的挫折是不可避免的，但它并不可怕。对于女性来说，通过正确地应对挫折，能够从挫折中吸取教训，提升自己的能力和心理素质，从而实现职场的真正成长，在职业生涯的道路上越走越远，绽放出属于自己的璀璨光芒。

第七章

重构财务智慧与理财观念

财务智慧是女性实现独立的重要保障。这一章，引导你觉醒财务认知，正视自己的财务状况。职业发展是财富增长的核心动力，筑牢风险管理的防线，守护财富安全。凝聚家庭力量，共同积累财富。理性消费，学会节流，为财富开源。用长远的眼光谋划未来，努力实现财富自由。

觉醒财务认知，正视财务实况

在人生的漫漫征程中，清晰且全面地认识自身财务状况，犹如在茫茫大海中点亮灯塔，为后续合理的财务规划指明方向。然而，现实生活中，许多人对自己的财务情况仅有模模糊糊的印象，这种模糊性不仅阻碍了我们对经济状况的精准把握，更使得有效的财务决策难以制定。

首先，深入梳理收入来源是至关重要的一步。我们的收入并非仅仅局限于每月那一份固定的工资，它其实是一个多元化的构成。除了基本工资，可能还有奖金，这或许是基于工作业绩的年度奖励，又或许是因完成某个重要项目而获得的额外报酬。投资收益同样不容忽视，比如购买的股票在行情好的时候带来的分红，或者基金产品经过一段时间运作后的盈利。兼职收入如今也愈发常见，利用业余时间从事写作投稿、翻译、线上授课等工作所获得的报酬，都为我们的收入添砖加瓦。此外，若拥有房产并将其出租，那每个月稳定的租金收入也是一笔可观的进账。

我们需要静下心来，将每一项收入来源详细记录，明确其具体金额以及获取的频率。例如，工资收入每月几日到账，金额是否稳定；投资收益是按季度还是年度结算，每次大致能有多少进账等。只有如此细致入微地梳理，才能对自己的收入状况有一个清晰、准确的全貌认知。

接着，审视支出项目更是一项不容小觑的任务。生活中的支出可谓五花八门，为了更好地掌控财务状况，我们可将其划分为必要支出和非必要支出两大类。

必要支出是维持我们日常生活正常运转的基本开销。住房费用首当其冲，无论是支付房租还是偿还房贷，这都是一笔不小的开支。房租的金额取决于房屋的地理位置、面积大小以及当地的租赁市场行情；房贷则需根据贷款金额、还款年限以及利率等因素来计算每月的还款额。饮食开销同样是必不可少的，它涵盖了从日常三餐到偶尔的零食饮料等所有与饮食相关的花费，而这又会因个人的饮食习惯、家庭人口数量以及当地物价水平的不同而有所差异。交通费用也是必要支出的重要组成部分，是选择公共交通出行，还是依赖私家车，其成本计算方式截然不同。若是乘坐公共交通，需考虑公交卡充值等费用；若驾驶私家车，则要算上油费、保养费、保险费以及可能的停车费等。水电费、燃气费等生活基本费用也在必要支出之列，这些费用虽然每月相对固定，但也会因季节变化（如夏季空调使用频繁导致电费增加）或用量波动而有所不同。

非必要支出则更多地涉及我们的休闲娱乐和消费享受方面。娱乐消费包括去电影院观看大片、到KTV尽情欢唱、外出旅游领略不同风景等，这些活动能丰富我们的生活，但并非生活必需。购物消费更是种类繁多，从购买时尚的衣物、心仪的电子产品，到家居用品的更新换代等，都属于这一范畴。我们同样要对每一项非必要支出进行细致分类,并记录下每月的具体支出金额,算出各项支出在总支出中的占比,这样一来,我们就能清晰地看到自己的钱究竟都花在了哪些"非必要"的地方,从而为后续的支出调整提供依据。

除了收入和支出,资产和负债情况更是财务状况的核心要素。资产方面,现金是最具流动性的资产,虽然它的收益微乎其微,但却是我们日常生活中随时用于支付的保障。银行存款则相对更为安全且能获取一定利息收益,分为活期存款和定期存款等不同形式,活期存款灵活性高,可随时支取,定期存款则根据存款期限的不同,利率也有所差异,能为我们带来相对稳定的利息收入。

房产作为一项重要资产,其价值不仅体现在居住功能上,还可能随着房地产市场的发展而增值。我们需要关注当地房地产市场的动态,考虑地段、房屋状况、周边配套设施等因素来准确评估房产的市值。

车辆同样是资产的一部分,不过车辆属于消耗品,随着使用年限的增加和里程数的增长,其价值会逐渐降低,我们要根据车辆的品牌、型号、使用时间以及车况等来合理估算其当前价值。

此外,各类投资产品如股票、基金、债券等也是资产的重要组成部分,它们的价值会随着市场行情的波动而变化,我们需要密切关注市场动态,了解相关投资知识,以便准确评估其价值。

负债情况则涉及房贷、车贷、信用卡欠款等。房贷和车贷通常是长期负债,我们要明确每笔负债的还款期限、利率以及剩余欠款金额。例如,房贷可能是 20 年或 30 年的长期贷款,每月需按照固定的还款计划偿还本金和利息;车贷一般期限相对较短,但同样需要按时还款,否则会影响个人信用记录。信用卡欠款则相对灵活一些,但如果不能及时还清,会产生高额的利息费用,并且长期累积欠款也会对个人信用造成不良影响。我们要清楚地知道自己每张信用卡的欠款金额、还款日期以及对应的利率等信息。

只有当我们如同进行一场全面而细致的财务大体检一样,对自己的财务现状进行深入、详尽且准确的梳理后,才能为后续的财务规划提供坚实可靠的依据,从而有的放矢地做出符合自身实际情况的财务决策,真正开启重养自己的财务规划之旅。

职业发展是财富增长的稳定引擎

在追求财富自由的漫漫征程中,职业发展犹如一台强劲而稳定的引擎,持续为女性的财富增长提供源源不断的动力。对于女性而言,精心规划并积极推动自身的职业发展,不仅能够带来收入的稳步提升,更是实现财务独立、迈向财富自由的关键基石。

职业晋升意味着在工作领域内的地位提升，往往伴随着薪资的显著增长以及更优厚的福利待遇。这对于女性积累财富至关重要，因为更高的收入直接增加了可用于储蓄、投资和实现其他财务目标的资金量。

要实现职业晋升，女性需要在多个方面下功夫。专业能力是基础。无论从事何种职业，持续提升自己在专业领域的知识和技能都是必不可少的。这可能意味着参加专业培训课程、考取相关的职业资格证书，或者通过实际项目不断积累经验。

比如，在金融行业工作的雅琴，为了在竞争激烈的职场中脱颖而出，她利用业余时间考取了注册金融分析师（CFA）证书。这一证书的获得不仅提升了她在行业内的认可度，也为她后续的晋升奠定了坚实的基础。在考取证书的过程中，她深入学习了金融市场分析、投资组合管理等专业知识，这些知识在她的日常工作中发挥了巨大的作用，使她能够更加精准地为客户提供投资建议，从而赢得了客户的信任和公司的赏识，最终成功晋升为高级投资顾问。

良好的人际关系也起着关键作用。在职场中，与同事、上司和客户建立和谐、互信的关系能够为晋升创造有利的条件。积极参与团队合作，善于倾听他人的意见，并且能够有效地沟通自己的想法，这些都是建立良好人际关系的重要因素。

在当今快速发展的时代，单一的职业技能可能会限制女性的职业发展和财富增长空间。拓展职业技能，意味着能够适应更多样化的工作需求，从而有可能开启多元的收入渠道，进一步加速财富的积累。

例如，小慧原本是一名传统的文字编辑，主要负责对稿件进行文字校对和简单的内容润色工作。虽然这份工作相对稳定，但收入也比较有限。为了改变这种状况，小慧利用业余时间学习了新媒体运营的相关知识和技能，包括社交媒体平台的运营、内容策划与推广等。

在掌握了这些新技能后，她开始尝试在业余时间为一些小型企业运营新媒体账号，通过撰写吸引人的推文、策划线上活动等方式，帮助企业提升品牌知名度和粉丝数量。这份兼职工作不仅为她带来了额外的收入，而且随着经验的积累，她还逐渐将新媒体运营发展成了自己的一项重要业务，成立了自己的新媒体工作室，实现了从单一收入来源向多元收入渠道的转变，财富也随之快速增长。

拓展职业技能需要有明确的目标和规划。一方面，可以根据自己的兴趣爱好和市场需求来选择要学习的技能。如果对设计感兴趣，可以学习平面设计、UI设计等相关技能；如果对编程有兴趣，可以尝试学习编程语言，如Python、Java等，进入互联网开发领域。

另一方面，要善于利用各种学习资源。现在互联网上有大量的免费或付费的学习平台，如在线课程网站、知识付费

APP等，可以在这些平台上找到适合自己的学习课程。此外，参加线下的培训活动、研讨会等也是不错的学习途径。

发展多元职业路径可以让女性在不同的职业领域或工作模式之间灵活切换，有效地分散职业风险。当一个行业或一种工作模式面临困境时，其他的职业选择仍有可能保持稳定或带来新的发展机遇，从而确保收入的连续性，为财富增长提供更可靠的保障。

要发展多元职业路径，首先要保持对市场趋势和新兴行业的敏锐洞察力。关注社会经济发展的动态，了解哪些行业正在崛起，哪些行业可能面临挑战，从中寻找适合自己的新职业方向。

其次，要敢于尝试和勇于迈出第一步。发展多元职业路径可能意味着要走出自己的舒适区，面对新的挑战和不确定性。但只有勇敢地去尝试，才有可能发现新的机遇，实现职业的转型和财富的增长。

职业发展对于女性实现财富自由具有不可替代的重要性。通过积极争取职业晋升、拓展职业技能以及发展多元职业路径，女性能够不断提升自己的收入水平，开启多元收入渠道，分散职业风险，从而为财富增长提供稳定而强劲的动力。在这个过程中，每一位女性都可以像上述实例中的主人公一样，凭借自己的智慧、努力和勇气，在职业发展的道路上稳步前行，向着财富自由的目标迈进。

筑牢风险管理防线，守护财富稳健增长

在追求财富自由的征程中，我们如同勇敢的航海者，怀揣着对未来美好生活的憧憬，驾驶着财富之舟在波涛汹涌的经济海洋中前行。然而，这片海洋并非总是风平浪静，隐藏着诸多风险的暗礁随时可能威胁到财富之舟的安全。因此，掌握风险管理的智慧，筑起一道守护财富的坚固防线，对于我们实现财富自由的目标至关重要。

投资是财富增长的重要途径，但与之相伴的是各种投资风险。市场的不确定性使得投资产品的价值波动难以预测，股票市场的跌宕起伏、基金净值的时涨时落、房地产市场的周期性变化等，都可能让投资者的财富面临缩水的风险。

以股票投资为例，许多女性被股票市场潜在的高收益所吸引，纷纷投身其中。但股票价格受到众多因素影响，如宏观经济形势、行业发展趋势、公司经营状况以及突发的国际事件等。就像2008年全球金融危机爆发时，股市大幅下跌，许多投资者的资产瞬间大幅缩水，那些没有做好风险应对准备的人，甚至面临着倾家荡产的困境。

基金投资同样存在风险，虽然它相较于股票来说风险相对分散，但不同类型的基金风险特征各异。比如，股票型基金主要投资于股票市场，其净值波动与股市密切相关；债券型基金则受债券市场利率波动影响较大。如果女性投资者在不了解

基金风险属性的情况下盲目投资，当市场行情不利时，也可能遭受损失。

对于大多数女性来说，职业收入是财富的重要来源之一，然而职业发展过程中也存在诸多风险。行业的变革、技术的更新换代可能导致某些职业逐渐被淘汰。例如，随着互联网和人工智能的发展，一些传统的文秘、客服等岗位的工作内容被自动化软件和智能客服系统所替代，从事这些职业的女性如果没有及时提升自己的技能或转型，就可能面临失业的风险，进而影响到家庭的收入和财富积累。

此外，职场中的人际关系、公司经营状况等因素也会对职业发展产生影响。比如，在公司内部卷入复杂的人际纷争，可能导致晋升机会被剥夺，甚至被迫离职；而公司若出现经营不善、倒闭等情况，员工也会面临失业风险，失去稳定的收入来源，使得财富增长陷入停滞甚至倒退。

健康是财富的基石，一旦身体出现问题，不仅会产生高额的医疗费用，而且还可能影响工作能力，从而间接影响财富的积累。

家庭是女性生活的重要组成部分，家庭关系的变化、家庭成员的突发状况等都可能给财富带来风险。婚姻关系的不稳定，如离婚，可能涉及财产分割问题，如果在婚前没有做好财产规划，婚后财产管理不清晰，那么在离婚时可能会面临财产损失的情况。

另外，家庭成员的意外事故、重大疾病等也会给家庭经济带来沉重负担，而此时如果没有足够的应急资金和保险保障，家庭财富将面临巨大的考验，可能会陷入经济困境，难以维持正常的生活开销和子女的教育费用等。

资产配置多元化是降低投资风险的有效策略。我们不应将所有的资金都集中在一种投资产品上，而应该根据自己的风险承受能力、投资目标和财务状况，将资金分散投资于不同类型的资产，如股票、债券、基金、房地产、现金等。

例如，一位名叫小慧的女性，她在投资方面比较谨慎，希望在实现财富保值增值的同时，尽可能降低风险。她根据自己的情况，将30%的资金投资于稳健的债券型基金，以获取相对稳定的收益；40%的资金投资于股票型基金和优质股票，期望通过长期投资获得较高的收益；20%的资金投资于房地产，看重其长期的保值增值特性；剩下10%的资金则作为现金或流动性强的货币基金，以备不时之需。通过这种多元化的资产配置，当某一类资产市场表现不佳时，其他资产可能会起到平衡作用，从而降低整体投资风险。

在进行投资之前，我们必须深入了解投资产品的性质、风险特征、收益方式等。不能仅仅因为他人的推荐或市场的热度就盲目跟风投资。

为了应对婚姻关系可能带来的财产风险，女性在结婚前可以考虑进行婚前财产公证，明确各自的财产范围和归属。在婚后，夫妻双方应该共同协商制定合理的财产管理方案，明确家庭收入、支出、储蓄、投资等方面的管理方式，确保家庭财产的清晰管理。

家庭保险可以为家庭成员的意外、疾病等突发状况提供经济保障。女性可以根据家庭的实际情况，选择购买人寿保险、意外险、重疾险等保险产品，为家庭经济保驾护航。

风险管理不仅仅是在风险发生时采取应对措施，更重要的是在日常生活和财务决策中培养风险管理意识，将其融入每一个决策环节中。

女性要实现财富自由，首先要学习风险管理的相关知识，了解不同类型的风险及其应对策略。可以通过阅读专业书籍、参加理财讲座、在线学习等方式，不断充实自己的风险管理知识体系。只有掌握了足够的知识，才能在面对风险时做出明智的决策。

例如，许多银行和金融机构会定期举办理财讲座，邀请专业人士讲解投资、保险等方面的知识，可以积极参加这些讲座，获取最新的风险管理信息。

在了解了风险类型和应对策略后，我们需要根据自己的财务状况、人生目标等因素，制定具体的风险应对计划。这个计划应该包括投资风险应对方案、职业风险应对方案、健康风险应对方案和家庭风险应对方案等。

风险是动态变化的，随着时间的推移、人生阶段的变化以及市场环境的变化，原有的风险应对计划可能不再适用。因此，我们需要定期对自己的风险应对计划进行评估和调整。

风险管理是女性在追求财富自由之路上不可或缺的重要环节。通过正确认识各种风险类型、掌握有效的应对策略、培养风险管理意识并将其付诸行动，女性能够筑起一道守护财富的坚固防线，确保财富在复杂多变的经济环境中稳健增长，最终实现财富自由的目标。

凝聚家庭力量，共筑财富之路

在追求财富自由的漫漫征程中，家庭无疑是女性最为重要的港湾和支撑。家庭财务状况的好坏，不仅影响着当下的生活品质，更关系到未来的财富积累与人生规划。当女性将自身的财务智慧与家庭其他成员紧密结合，实现家庭财务协同，便能汇聚起强大的力量，携手在创富之路上稳步前行。

家庭，是一个由不同个体组成的紧密团体，每个成员都有着独特的优势、需求和目标。在财务方面，若能实现协同合作，其产生的效果绝非简单的个体财务行为相加，而是能够发挥出"一加一大于二"的巨大优势。

家庭中的成员往往在不同领域拥有各种资源。比如，丈夫可能在职业领域有着稳定的收入来源和一定的人脉资源；妻子或许擅长精打细算，对家庭日常开支管理得井井有条，同时也可能在投资理财方面有自己的见解；而父母长辈可能拥有房产等固定资产，或者有着丰富的生活经验能在财务决策上提供宝贵意见。

当家庭财务协同运作时，这些分散的资源就能得到有效整合。例如，夫妻双方可以共同评估各自的收入情况，结合家庭的长期目标，决定是将一部分资金用于投资丈夫所在行业相关的潜力项目，借助他的行业洞察力获取更高回报，还是根据妻子对市场趋势的研究，选择更适合家庭风险承受能力的投资产品。通过这种资源整合，家庭能够充分利用各方优势，让每一份资源都在财富增长中发挥最大作用。

生活中充满了各种不确定性，财务风险也不例外。在家庭中，单个成员面临风险时可能会显得力不从心，但若是家庭作为一个整体来应对，情况就会大不相同。

比如，若丈夫所在的行业突然遭遇经济下滑，面临失业风险，此时如果家庭财务协同做得好，妻子的收入以及家庭前期积累的应急资金就能暂时支撑家庭开支，同时夫妻双方可以共同商讨应对策略，如妻子利用自己的人脉资源帮助丈夫寻找新的工作机会，或者调整家庭投资组合，变现部分资产以应对可能的经济困境。

家庭财务协同能够促使家庭成员明确共同的财富目标，这不仅让每个人的努力方向更加清晰，还能极大地增强大家为实现目标而奋斗的动力。

想象一下，一个家庭共同制定了在未来十年内购买一套更大住房、为子女储备足够的教育基金以及实现家庭财富稳定增长的目标。当每个家庭成员都清楚地知道这些目标，并明白自己在实现目标过程中的角色和责任时，他们会更加积极地投入各自的工作和财务活动中。

实现家庭财务协同并非一蹴而就，它需要家庭成员之间建立起良好的沟通机制，在财务规划、决策等各个环节紧密配合，逐步形成一套适合家庭自身情况的协同模式。

在充分沟通的基础上，家庭成员需要共同制定家庭财务规划，明确家庭的长期和短期财富目标，并根据目标制定相应的实施计划。

在家庭财务规划的实施过程中，难免会遇到各种需要做出决策的情况，如投资项目的选择、大额开支、家庭资产的配置等。此时，就需要家庭成员协同决策，充分发挥每个人的智慧和经验。

家庭财务协同是女性开启财富自由之路的重要环节，它需要家庭成员之间的坦诚沟通、共同规划、协同决策以及不断提升协同效果的持续努力。通过凝聚家庭力量，实现家庭财务协同，女性能够与家人携手共进，在创富之路上稳步前行，为家庭创造更加美好的财富未来。

理性消费，以节流为财富开源之道

在追求财富自由的漫漫征程中，我们往往将目光聚焦于如何增加收入，通过投资、创业、职业晋升等途径来实现财富的积累。然而，消费作为我们日常生活中不可或缺的一部分，同样蕴含着巨大的财务智慧。对于女性而言，掌握消费智慧，学会精明消费，以节流的方式为财富开源，是开启财富自由之路的重要一环。

消费，看似只是简单的花钱行为，实则与财富积累有着千丝万缕的联系。每一次的消费决策，都在潜移默化地影响着我们的财务状况。合理的消费能够满足生活需求，提升生活品质，同时为未来的财富增长奠定基础；而盲目、冲动的消费则可能导致财务压力增大，储蓄减少，进而延缓甚至阻碍财富自由的实现进程。

想象一下，一位女性每月收入固定，但她在购物时总是不加节制，看到心仪的商品就立刻购买，不考虑是否真正需要或者价格是否合理。久而久之，她可能会发现自己不仅没有足够的储蓄用于投资或应对突发情况，甚至还可能背负上信用卡债务。相反，另一位女性凭借着精明的消费智慧，在满足生活所需的同时，巧妙地控制开支，将节省下来的钱用于投资理财或自我提升，随着时间的推移，她的财富状况便会逐渐改善，离财富自由的目标也越来越近。

由此可见，消费并非仅仅是财富的消耗，更是一种可以通过智慧运用来实现财富增长的手段。

在日常生活中，我们常常会陷入一些消费误区，而这些误区就像是隐藏在消费道路上的陷阱，悄无声息地吞噬着我们的财富。

冲动消费是许多人都难以避免的问题，尤其是在面对各种促销活动、广告诱惑时。商家们深谙消费者的心理，通过限时折扣、买一送一、满减等促销手段，营造出一种"错过今天，再等一年"的紧迫感，让消费者在来不及思考的情况下就匆忙下单。

攀比消费也是一个常见的消费误区。在社交媒体盛行的今天，我们很容易看到他人展示的美好生活，从而产生攀比心理。看到身边的朋友买了新款的名牌包包、换了高档的智能手机，就觉得自己也不能落后，于是不顾自身的经济实力，也要跟风购买。

情绪化消费则是与我们的情绪状态密切相关。当我们处于情绪低落、压力大或者心情特别好的时候，往往会通过消费来寻求安慰或者庆祝。

既然我们已经了解了常见的消费误区和陷阱，那么接下来就该探讨如何培养消费智慧，以实现节流为财富开源的目标。

制定预算是精明消费的第一步，也是最为关键的一步。预算就像是一张财务地图，为我们的消费行为指明方向，让我们清楚地知道自己每个月或每个季度的收入和支出情况，从而合理地安排消费。

首先，要明确自己的收入来源，包括工资、奖金、投资收益等，确定每月或每季度的固定收入总额。然后，根据生活需求和财务目标，将支出分为必要支出和非必要支出两部分。必要支出如房租、水电费、食品、交通等，这些是维持生活基本运转所必需的费用；非必要支出则包括娱乐、购物、外出就餐等方面的费用。

在制定预算时，要对非必要支出进行合理控制。可以根据以往的消费习惯和财务状况，设定一个合理的非必要支出上限，比如每月不超过收入的20%或30%等。同时，要将预算细化到每个具体的支出项目上，例如每月娱乐支出不超过200元，购物支出不超过500元等。

通过制定预算，我们可以在消费时有据可依，避免盲目消费和超支情况的发生，从而为财富积累打下坚实的基础。

学会区分必要与非必要消费是培养消费智慧的重要技巧。必要消费是我们生活中无法回避的，它们直接关系到我们的生存和生活品质的基本保障。而非必要消费则是在满足基本需求之外，根据个人喜好和心情进行的消费行为，这些消费往往具有较大的弹性。

例如，购买新鲜的蔬菜水果、优质的蛋白质来源等食品是必要消费，因为它们是维持身体健康的必需物质；而购买高档的进口水果、奢华的美食套餐则属于非必要消费，虽然它们能带来更好的口感和享受，但并非生活所必需。

在日常生活中，我们要学会做消费的加减法。对于必要消费，要确保其质量和合理性，不要为了节省一点钱而选择劣质产品，从而影响生活品质或增加后期的维修、更换成本。对于非必要消费，则要根据自己的财务状况和实际需求进行谨慎选择，能省则省，将节省下来的钱用于更有意义的事情，比如储蓄、投资或自我提升。

货比三家是一种古老而有效的消费智慧，在当今信息发达的时代，更是具有很强的可操作性。在购买任何商品或服务之前，都应该花时间去比较不同商家、不同品牌的价格、质量和口碑等方面的情况，从而找到性价比最高的选择。

延迟满足是培养消费智慧的一项重要心理策略。它要求我们在面对即时的消费诱惑时，能够克制自己的欲望，暂时不做出购买决策，而是等待一段时间，看看自己是否真的仍然需要该商品或服务。

例如，当我们看到一款心仪的新款包包，价格不菲，但当下又并非急需。这时，我们可以先把它放在一边，给自己设定一个等待期，比如一周或一个月。在这段时间里，我们可以继续关注这款包包的情况，同时也思考一下自己是否真的有必要购买它。也许经过一段时间的思考，我们会发现其实自己并不是那么需要它，或者已经找到了更合适的替代品，从而避免了一次冲动消费。

延迟满足能够帮助我们克服冲动消费的毛病，让我们的消费决策更加理智，从而为财富积累创造更多的机会。

在消费过程中，我们要关注商品或服务的长期价值，而不是仅仅被短期的优惠所蒙蔽。有些商品虽然在购买时价格很优惠，但可能质量不佳，使用寿命短，或者后期的维修、保养成本高，从长期来看，并不划算。

所以，在购买商品或服务时，我们要综合考虑其质量、使用寿命、后期维护成本等因素，选择那些具有较高长期价值的产品，这样虽然在购买时可能价格稍高一些，但从长期来看，能够为我们节省开支，为财富开源起到积极的作用。

在追求财富自由的道路上，消费智慧是女性不可或缺的财务智慧之一。通过避免常见的消费误区，培养精明消费的策略与技巧，并在不同的生活场景中灵活应用，女性能够以节流为财富开源，为自己的财富自由之路奠定坚实的基础。

用战略眼光谋划财富未来

在追求财富自由的征程中，女性不仅需要具备敏锐的洞察力去捕捉当下的各种财务机遇，更要拥有一种长远的视野，以战略眼光来规划和布局自己的财富之路。这种长期视野，如同灯塔照亮前行的方向，能让女性在复杂多变的经济环境中，稳步迈向财富自由的彼岸。

经济的发展从来不是一帆风顺的，而是呈现出周期性的波动。繁荣与衰退交替出现，市场行情时好时坏。如果女性仅着眼于短期的财务状况，在经济繁荣时过度乐观，盲目跟风投资；在经济衰退时又过度悲观，匆忙抛售资产，那么很可能会在这些短期波动中遭受损失，与财富自由的目标渐行渐远。

例如，在全球金融危机爆发前，房地产和股票市场一片繁荣景象。许多人看到房价和股价不断攀升，便纷纷涌入市场进行投资，甚至不惜借贷加大杠杆。然而，当金融危机来袭，市场急转直下，房价和股价大幅下跌，那些没有长期视野、只追逐短期利益的投资者们顿时陷入困境，资产大幅缩水，不少人还背负上了沉重的债务。

相反，拥有长期视野的女性会明白经济周期是正常现象，市场的短期波动并不代表长期趋势。她们在经济繁荣时不会被过度的乐观情绪冲昏头脑，而是会冷静评估自己的投资组合，确保资产配置合理，为可能到来的衰退做好准备；在经济衰退时，也不会惊慌失措地抛售资产，而是会看到其中蕴含的机遇，比如以较低的价格买入优质资产，等待经济复苏后的价值回升。

财富自由并非一蹴而就，而是一个长期积累和增值的过程。只有通过长期持有优质资产，并给予它们足够的时间去成长和发挥价值，才能实现资产的稳健增值，最终达到财富自由的目标。

人生是一个漫长的旅程，每个阶段都有不同的财务需求。从年轻时候的自我提升、结婚成家，到中年时期的子女教育、养老规划，再到老年时期的安享晚年，这些不同阶段的财务需求都需要通过长期的财务规划来满足。

年轻女性可能刚刚步入社会，收入相对较低，但此时却是积累知识和技能、为未来职业发展打基础的关键时期。拥有长期视野的女性会在这个阶段合理安排财务，一方面确保基本生活开支，另一方面会预留一部分资金用于学习新技能、参加培训课程或考取相关证书，这些投资虽然在短期内可能看不到明显的经济回报，但从长远来看，却能为她们带来更高的收入和更好的职业发展，从而为财富自由奠定坚实的基础。

进入中年后，子女的教育费用往往成为家庭财务的重要支出项目。拥有长期视野的女性早在子女年幼时就会开始规划教育基金，通过定期储蓄、投资等方式，确保在子女升学阶段有足够的资金支持。同时，这个阶段也是考虑自身养老规划的重要时期，要为未来的退休生活提前做好准备，比如购买养老保险、进行养老资产的储备等。

老年时期，女性则需要依靠前期积累的财富来安享晚年，过上舒适的生活。只有在人生的各个阶段都以长期视野进行财务规划，才能确保每个阶段的财务需求都能得到满足，实现人生的平稳过渡和财富自由的最终达成。

在追求财富自由的道路上，长期视野对于女性而言是一种不可或缺的战略眼光。它贯穿于个人投资决策以及家庭财务规划的方方面面，帮助女性跨越经济周期的短期波动，稳健地实现资产增值，满足人生不同阶段的财务需求。

从投资领域来看，无论是股票投资中穿越牛熊的坚守、基金投资里长期定投的智慧，还是房地产投资时对地段和持有时间的精准考量，都离不开长期视野的指引。拥有这种长远眼光的女性，能够在面对各种复杂的市场情况和投资机遇时，做出更为明智、理性且符合自身长期目标的选择。

在家庭财务规划方面，长期视野促进了夫妻双方财务目标的协同，使得家庭能够有条不紊地为购买房产、子女教育、养老等重要事项进行布局和储备。通过提前规划并持之以恒地执行，家庭的财务状况得以在不同人生阶段实现平稳过渡，最终达成财富自由的目标。

对于每一位渴望实现财富自由的女性来说，培养并运用长期视野并非一蹴而就的事情，需要不断地学习、实践和反思。但只要坚持不懈，将这种战略眼光融入日常的财务决策和生活规划中，就一定能够在财富积累的道路上迈出坚实的步伐，向着财富自由的彼岸稳步前行。

第八章

重启人生愿景与规划

人生充满无限可能,需要我们用心去规划。在这一章,放下犹豫,勇敢地开启成功之门,将心动转化为行动,铸就辉煌人生。奋斗是实现梦想的桥梁,不断提升内在涵养,让魅力永恒。挣脱束缚,勇敢追逐心中的梦想,持续提升技能,超越自我。精心规划人生,让生命绽放出绚丽多彩的光芒。

放下犹豫，开启成功之门

在人生的漫长旅途中，我们常常会面临各种各样的抉择。而犹豫，就像是一道无形的枷锁，束缚着我们的行动，使我们在面临选择时迟疑不决，缺乏主见，难以果断地做出决定。与之形成鲜明对比的，则是果断这一宝贵的品质。

果断意味着能够迅速且毫不犹豫地做出行为决策，它反映了一个人意志的坚定性和行动的高效性。当一个人具备较高的果断效能时，其在编制行为方案、做出决策以及付诸行动激发的速度上都会显著提升，从而在紧急情况下能够迅速做出有效的反应。

果断意识，并非盲目冲动的行事风格，而是要求一个人能够迅速且合理地做出决断，并坚决地去执行。具备果断性品质的人，在面对抉择时，能够快速且清晰地思考行动的动机、目的、方法和步骤，同时还能清醒地评估可能产生的结果。在事业的征程中，成功者与失败者之间往往存在着诸多显著差异，而其中最为关键的一点，就在于面对机遇时，能否放下犹豫，果断地采取行动。

成功者往往拥有敏锐的洞察力，他们能够精准地捕捉到稍纵即逝的机遇，在机遇来临时，迅速做出决定，并以坚定不移的信念将其付诸实践。就如同拿破仑·希尔的传奇经历一般，在他25岁那年，接到了采访钢铁大王卡内基的重要任务。当卡内基提出一项极具挑战性的工作时，拿破仑·希尔没有丝毫的犹豫，当即给出了肯定的答案。正是这份果断与勇气，让他赢得了卡内基的认可，从而开启了他通往成功的人生旅程。此后，凭借着卡内基的帮助，他有幸结识了众多成功人士，并通过深入研究他们的成功经验，探寻到了成功的真谛。他将自己的研究成果撰写成了一本极具影响力的《成功规律》，为无数渴望成功的年轻人提供了宝贵的指导。面对所取得的荣誉，拿破仑·希尔坦言："放下犹豫，果断行动是成功的救命稻草。"

从拿破仑·希尔的故事中，我们可以深刻地领悟到，成功并非偶然，它往往取决于在关键时刻能否果断地放弃犹豫，进而培养出深思熟虑的果断品质和敏捷的思维方式。他在机遇面前，准确地捕捉住了那稍纵即逝的瞬间，冲破了内心懦弱的束缚，以积极主动的姿态投身行动，最终为自己赢得了广阔的发展天地。

然而，在现实生活中，我们却常常看到许多人因为犹豫而错失良机。那些心存犹豫、无法做出决定的人，常常饱受心理压力和对失败的顾虑的折磨。他们在面对选择时，习惯将一些微不足道的因素无限放大，使其成为影响决策的重要考量，最终在犹豫不决中一事无成。与之相反，各行各业的佼佼者，往往都是善于做出决定的人。其实，做决定并没有想象中那么复杂，关键就在于能否放下心中的种种顾虑，勇敢地果断行动。

那么，我们该如何克服犹豫，培养果断的品质呢？首先，明确自己的目标是至关重要的。目标就像是一盏明灯,为我们的行动指明方向。只有当我们清晰地知道自己想要达到什么目标时,才能在面对选择时有一个明确的判断依据。我们可以通过多种途径来明确目标,比如深入思考自己的兴趣爱好、人生理想,以及对未来生活的期望等。同时,还可以通过察访、读书等方式获取更多真实信息,了解不同选择可能带来的结果和影响,从而为做出明智的决定奠定基础。

当我们具备了丰厚的资料和清晰的目标后,就要学会相信自己的判断。在做决定的过程中,不要过分在意他人的看法和意见,虽然他人的建议可能会有一定的参考价值,但最终的决策权还是在我们自己手中。我们要相信自己经过思考和分析所做出的判断是有其合理性的,并且要有勇气去承担决定所带来的结果,无论是好是坏。

此外,不断地锻炼自己的决策能力也是培养果断品质的重要方法。我们可以从日常生活中的小事做起,比如决定今天吃什么、穿什么,或者如何安排周末的时间等。在这些小事上逐渐培养自己快速做出决定的习惯,并且在做出决定后坚决执行,通过不断地实践来提升自己决策的速度和准确性。

生活就如同一条奔腾不息的河流,不会因为我们的犹豫而停滞不前。所以,我们不能让犹豫和顾虑堵塞我们前行的道路,而应放下心中的负担,轻装上阵,以果断的行动去经历人生的风风雨雨,去收获那丰盛而多彩的人生。记住,果断行动是通往成功的关键所在，它能够帮助我们在人生的舞台上绽放出属于自己的光彩。

内蕴涵养是女性魅力的永恒源泉

在时光的长河中，女性的魅力如同璀璨星辰，熠熠生辉。而"内养"，恰似那滋养星辰光芒的神秘力量，并非仅仅关乎外在的养生手段，如运动、膳食、保健等常见方式，其核心要义在于通过内在的学识、阅历、气质、品行等诸多层面，以及积极向上的人生态度，对自身进行全方位的雕琢与塑造，以此达成保养容颜、提升魅力的深远目标。对于女性而言，洞悉"内养"的真谛并将其融入生活，无疑是开启从容、淡定、优雅且活力四射人生的关键所在。

女性的容貌，宛如春日绽放的花朵，虽娇艳动人，却难以抵御岁月的侵蚀。随着时光的悄然流逝，那曾经吹弹可破的肌肤或许会渐渐失去光泽，青春的轮廓也可能变得模糊。然而，"内养"却拥有一种神奇的魔力，它能让女性在岁月的变迁中，始终保持一种独特的气质，宛如陈酿的美酒，越品越香，散发出超越年龄束缚的年轻而迷人的氛围，展现出一种从容大度、雍容典雅的美。

这种美，并非单纯的外在表象，而是源于内心深处的涵养与积淀。就如同生命有机体需要不断汲取各种养分来维持正常运转一样,"内养"是女性保持独特气质的根基。它所涵盖的学识、阅历、气质、品行等丰富内涵,如同涓涓细流,透过血脉和筋骨,缓缓浸润着女性的容貌,使其在历经风雨、岁月沧桑之后,依然能够绽放出动人的光彩。

读书,无疑是女性开启"内养"之门的一把重要钥匙。书籍,是人类智慧的结晶,承载着古今中外无数的思想精华。当女性沉浸于书海之中,便仿佛踏上了一段穿越时空的奇妙旅程,与伟大的思想家、文学家、科学家等进行心灵的对话。

读书不仅能提高女性的学识,更能在潜移默化中提升她们的内涵和气质。一个饱读诗书的女性,往往散发出一种知性美。她的言谈举止间流露出的是一种从容不迫、优雅得体的风范,仿佛周身都笼罩着一层淡淡的文化光晕。这种知性美,不同于单纯的外在美貌,它具有一种持久的吸引力,能让与之相处的人感受到一种心灵的滋养与启迪。

而且,随着学识的不断积累,女性在社交场合中也能更加自信地表达自己的观点。她们能够凭借自己的知识储备,参与到各种深入的讨论中,与不同领域的人进行思想的碰撞,从而进一步拓宽自己的社交圈子,结识更多志同道合的朋友。这些朋友又会成为她们获取更多知识与信息的新源泉,形成一个良性循环,不断丰富女性的"内养"内涵。

除了读书,参与艺术活动也是女性"内养"的重要途径之一。艺术，以其独特的魅力，能够深入到人的灵魂深处，触动内心最柔软的部分，进而塑造出一种优雅大方的气质。

"内养"的内涵中，善良的品行无疑占据着重要的一席之地。善良，是一种源自内心深处的美好品质，它如同一束温暖的阳光，能够照亮女性自己的心灵，同时也能给身边的人带来温暖与慰藉。

一个拥有善良品行的女性，就像是一位美丽的天使，无论走到哪里，都能散发出一种令人感到舒适、安心的气息。在日常生活中，她会主动关心他人的冷暖，当看到别人遇到困难时，会毫不犹豫地伸出援手。这种善良并非出于某种功利目的，而是一种纯粹的、发自内心的关爱。

而且，善良的品行还能让女性在面对生活中的不如意时，保持一种宽容和豁达的心态。当别人不小心冒犯了自己时，她不会斤斤计较，而是会选择原谅，用自己的善良去化解矛盾。这种宽容和豁达，会让女性的心灵更加纯净，也让她的魅力更加持久。

豁达的女性能够以一种开放、包容的心态看待生活中的一切事物。她们不会因为一时的得失而过于计较，也不会因为别人的评价而过分在意。在面对困难和挫折时，她们能够坦然接受，并且相信一切都会过去，未来依然充满希望。

在"内养"的道路上，独立与自信是女性魅力的又一重要源泉。独立，不仅仅意味着经济上的独立，更涵盖了思想上的独立。一个独立的女性,能够拥有自己的见解和判断,不随波逐流,不盲目依赖他人,在生活和工作的各个方面都能展现出一种自主、自强的精神风貌。

经济上的独立,是女性实现自我价值的重要基础。当女性能够通过自己的努力获得稳定的收入,能够独立支撑自己的生活开销时,她便拥有了更多的自主权和选择权。她可以根据自己的喜好和需求去安排生活,不必因为经济上的依赖而委屈自己。例如,她可以自由选择居住的地方、旅行的目的地、学习的课程等。而且,经济独立也让女性在家庭和社会中的地位得到提升,让她能够更加平等地与他人进行交流和合作。

思想上的独立则更为关键。一个思想独立的女性,在面对各种问题时,能够运用自己的思维方式去分析、思考,得出自己的结论。她不会轻易被别人的观点所左右,即使面对权威或者大多数人的意见,她也会保持质疑的态度,在经过自己的深入思考后,再做出判断。

自信,则是女性展现魅力的关键所在。一个自信的女性,无论走到哪里,都能散发出一种独特的魅力,让人无法忽视。自信来源于对自己的充分了解和认可,当女性清楚地知道自己的优点和不足,并且能够接受自己的全部时,她便拥有了自信的基础。

在日常生活中,自信的女性会昂首挺胸地走路,眼神坚定地与人交流,她的言谈举止间都透露着一种从容和笃定。在面对挑战和困难时，她不会退缩，而是会勇敢地迎上去，相信自己有能力去克服。

独立与自信相互依存，共同构成了女性魅力的重要组成部分。一个既独立又自信的女性，就像是一朵盛开的鲜花，在人生的舞台上绽放出绚丽的光彩，吸引着众人的目光，成为众人眼中的焦点。

总之，"内养"是女性永恒的魅力源泉，通过不断汲取学识、培养气质、修炼品行、学会独立自信、珍惜情感、放下释怀以及保持年轻心态等诸多方面的努力，女性能够不断提升自己的内在魅力，成为真正美丽动人的个体。在这个过程中，女性不仅实现了自我价值的提升，还能为周围的人带来温暖与力量，成为生活中一道亮丽的风景线，绽放出属于自己的多元风采，以独特的姿态迎接未来的每一个篇章。

从心动到行动，铸就成功之路

人生这个绚丽多彩的舞台上，成功绝非是偶然间从天而降的馅饼，它是用我们的汗水与坚持不懈的行动精心铸就的辉煌篇章。通往成功的道路虽然千差万别，但唯有那些勇于将心动转化为行动的人，才能避免碌碌无为的遗憾，真正拥抱胜利的曙光。

成功之门，永远只为那些怀揣着梦想且勇于拼搏的人敞开。它的开启，始于我们内心深处对成功的强烈渴望，而最终成于我们坚定有力的实际行动。强烈的成功愿望无疑是成功的先决条件，然而，仅仅拥有这份愿望是远远不够的，它必须通过脚踏实地的行动，才能绽放出耀眼的光芒，转化为实实在在的成就。这种行动的力量，源自我们内心深处对自身价值的认知与对梦想的觉悟，它是推动我们在成功道路上不断前行的强大动力。

冠军的荣耀、财富的积累，这些无疑都是令人心生向往的成功标志。然而，我们必须清醒地认识到，成功的桂冠并非轻易可得，它只属于那些能够坚持做到别人无法做到之事的人。正如经典的龟兔赛跑故事所揭示的深刻道理一样，即使拥有先天的优势，如兔子那般敏捷的速度，但如果不付诸行动，仅仅满足于一时的领先，也会最终与成功擦肩而过。反之，即使像乌龟一样步伐缓慢，但只要坚持不懈地行动，始终保持前进的姿态，也能在不经意间成为人生这场长跑比赛的赢家。

成功之路，其实就是一条始于自愿自觉行动的道路，它应该如同我们日常吃饭、喝水般自然而又不可或缺。如果我们空有远大的志向，却始终不付诸实践，那么再聪明的才智也只会在无尽的空想中逐渐消逝，最终留下的唯有深深的遗憾。因为，成功不仅仅源于我们内心深处那股强大的动力，更在于我们能否坚持不懈地将行动贯穿于整个追求成功的过程之中。没有行动，一切美好的愿望都只能是空中楼阁，看似美好却毫无实际价值可言。

在工作领域，我们常常会有各种各样宏大的理想和美妙的设想。比如，想要开发出一款改变行业格局的创新产品，或者制定出一套能够大幅提升公司业绩的营销策略等。然而，这些理想和设想无论多么令人振奋，如果缺乏行动的有力支撑，最终都将化为泡影。只有将这些想法实实在在地付诸实践，通过一步一个脚印的努力，才能将梦想逐渐变为现实。

在面对工作中的困难与挑战时，我们更不能退缩，而应坚定信念，积极采取行动，用我们的汗水去铺就通往成功的道路。每一次克服困难的过程，都是我们成长和进步的契机；每一滴汗水的挥洒，都是我们向成功迈进的见证。只有这样，我们才能在迷茫的职场中找到前行的方向，永不言败，不轻言放弃，最终实现自己的职业目标，收获成功的喜悦。

行动，是成功的基石，就像肥沃的土壤一样，滋养着成功这朵娇艳的花朵；又像一双有力的翅膀，让我们心中的理想能够翱翔于天际。每一分努力、每一次行动，都是我们对成功理想的热烈追求，它们汇聚在一起，能够形成巍峨的高山，能够汇聚成浩瀚的海洋。行动，它不仅是我们战胜内心怯懦的勇气所在，更是我们向世界宣告胜利的有力宣言，引领着我们在成功的道路上不断前行。

对于每个人来说，成功的道路或许各不相同，但唯有行动，才是通往成功的唯一途径。一旦我们认准了自己的目标，就应毫不犹豫地立即行动起来，用我们的汗水去浇灌那希望之花，让成功的光辉洒满我们前行的道路。让我们以行动为笔，以汗水为墨，在人生的画卷上书写属于自己的成功篇章，创造出属于自己的辉煌人生。

那么，我们在实际生活中应该如何将心动转化为行动呢？首先，我们要制定详细的计划。一个清晰、可行的计划就像是一张导航图，能够为我们的行动指明具体的方向和步骤。我们可以将大目标分解成一个个小目标，为每个小目标设定合理的时间节点和具体的行动方案，这样在执行过程中就会更加有条理，也更容易看到自己的进步和成果。

其次，要克服内心的恐惧和拖延心理。很多时候，我们之所以迟迟没有行动，是因为害怕失败，或者是习惯了拖延。我们要认识到，失败并不可怕，它是成功的必经之路，每一次失败都能让我们从中吸取教训，让我们更加接近成功。而拖延只会让我们错失良机，让我们的梦想变得越来越遥远。我们可以通过设定奖励机制和惩罚机制来激励自己克服拖延心理，比如完成一个小目标就给自己一个小奖励，没有按时完成任务就给自己一个小惩罚等。

再者，要学会从身边的小事做起。有时候，我们可能会被远大的目标吓倒，觉得自己距离成功太遥远，不知道从哪里开始行动。其实，我们可以先从身边力所能及的小事做起。这些小事虽然看似微不足道，但通过长期坚持，能够培养我们的自律能力和行动习惯，为我们实现更大的目标奠定基础。

最后，要保持积极的心态。在行动的过程中，我们难免会遇到各种各样的挫折和困难，这时候保持积极的心态就显得尤为重要。我们要相信自己的能力，相信只要坚持下去就一定能够克服困难，取得成功。我们可以通过与朋友、家人交流，或者阅读一些励志书籍等方式来调整自己的心态，让自己始终保持昂扬向上的精神状态。

行动铸就成功，从心动到行动的华丽蜕变，是我们每个人都必须经历的过程。让我们勇敢地迈出这一步，用行动去书写属于我们自己的精彩人生，去实现心中那熠熠生辉的成功梦想。

挣脱束缚，勇敢逐梦

在人生的广阔舞台上，勇敢的女性总是能够展现出一种豪爽与大度的姿态，她们在追求目标的过程中从不畏首畏尾，而是以坚定的信念和无畏的勇气勇往直前。

然而，在现实生活中，我们却常常看到许多女性在事业等方面未能取得理想的成功，这其中并非因为她们能力欠缺，而很大程度上是由于勇气不足，顾虑重重，被各种无形的束缚所羁绊，导致无法充分施展自己的才华和潜力。

就如同我们在生活中常见的买螃蟹的场景所隐喻的那样：几只螃蟹奋力向上攀爬，即将到达桶沿，然而，桶中的其他螃蟹却将它们纷纷拉下。这一现象在女性的人生道路上也时有发生，许多女性就如同那些奋力攀爬的螃蟹，怀揣着梦想，努力想要突破现状，去追寻更美好的生活或在事业上取得更大的成就。但她们身边却总是存在着各种"螃蟹"，这些"螃蟹"可能是出于对她的关爱和保护，担心她受伤吃苦；也可能是出于自私的目的，故意淡化或丑化她前方的美丽风景，以打消她的热情。但无论是哪种情况，这些"螃蟹"都会成为她前行路上的绊脚石，阻碍她实现自己的梦想。

小珊在银行从事柜台工作已有两年，虽然工作稳定，但她始终难以全身心地投入。她心中总有一个念头在蠢蠢欲动，想要出去闯一闯，去开设一家咖啡馆，趁着年轻且没有家庭负担，去追寻自己的梦想。于是，她与丈夫商议后，决定辞职创业。然而，当她向几位好友寻求建议时，却遭到了泼冷水般的反对。她们以各种理由劝阻小珊，比如创业风险太大、没有经验很难成功、咖啡馆市场竞争激烈等，让她放弃这个念头。这些劝告如同魔咒一般，让小珊心生畏惧，最终她选择了放弃，信心和勇气也随之消散。

在现实生活中，像小珊这样的女性不胜枚举。她们或许想要进修学习，或许想要更换工作，甚至想要结束一段看似美好的感情。然而，每当这些念头浮现时，总会有"螃蟹"们从四面八方涌来，紧紧拉住她们的手脚，冻结她们内心的热望。

更值得注意的是，有时候，最大的那只"挡路蟹"正是女性自己。她渴望外界的精彩与绚烂，却又贪恋温室的安逸与舒适。她害怕风雨、犹豫不前，最终只能一事无成。这种自我束缚的情况在女性中较为常见，她们往往在内心深处存在着矛盾的心理，一方面有着对美好未来的憧憬，另一方面又害怕失去现有的稳定和安逸。

如果女性不愿成为一只坐以待毙的"螃蟹"，认准了外面世界的精彩与美好，那么首先要做的就是远离那些同一只桶里的"螃蟹"。这意味着要摆脱他人的负面意见和影响，同时也要克服自己内心的恐惧和犹豫，勇敢地迈出步伐去追寻自己的梦想。

人生短暂而珍贵，不要在犹豫中浪费宝贵的时间。当女性认准了方向、下定了决心时，一定要勇敢地出发去追寻属于自己的精彩人生。

在这个过程中，女性需要不断地鼓励自己，相信自己的能力。可以通过回顾自己以往的成功经历，哪怕是一些微小的成功，来增强自信心。同时，也可以寻找一些志同道合的朋友或导师，他们能够给予支持和鼓励，帮助自己在逐梦的道路上走得更加顺畅。

在追求梦想的过程中，女性还需要做好充分的准备。这包括对目标领域的了解、相关技能的学习、资金的筹备等。例如，如果想要创业，就需要对所从事的行业进行深入调研，了解市场需求、竞争状况、发展趋势等；学习相关的经营管理、市场营销等技能；并合理筹备资金，确保创业项目能够顺利启动。

只有当女性挣脱了各种束缚，勇敢地迈出逐梦的步伐，并做好充分的准备，她们才能在人生的新征程上开启属于自己的精彩篇章，实现自己的人生价值，收获真正的幸福和满足感。

不断提升自身技能，不断超越自己

在社会激烈的竞争中，女人相比于男人更多地要照顾孩子、老人，要操持家务，工作上却要和男人一样去拼搏。女人只有不断提高个人技能，才能在事业上有更大的发展。你可以去上电脑课、商业书信或科技写作课。你也可以培养自己做简报的技巧，或者学习排版或试算表软件。你应该利用这段时间，使自己的条件变得更好，充实一下你的实力。

如果你的经济条件许可，你还可以做你喜欢做的事。这是拓展你在该领域的人际关系与增加自己能力的绝佳方式，也能使你的履历表更吸引人。许多组织对于有你这样有经验与才能的人都愿意帮忙。记住，这是你找到一份全职、固定工作的过程之一。此外，一些专业的慈善组织、志愿者协会都需要更多的人，协助他们办活动或志愿服务。

也许有的女人认为失业这种事永远不会发生在自己身上。"我有终身职务""我有年资""我的职位是百人之上""我备受尊敬与爱戴"，可是别忘了，连总裁都可能被"炒鱿鱼"。人际关系广博的企业白领，因为新的管理团队入主公司，原本的光芒黯然失色。这种事情是说不定的，不管你是谁或你认识谁！有人做过调查，发现许多人都是在毫无预警的状态下失业，其中还有很多经理人，根本不知道公司要缩编。

有时候你看得到前兆，有时候你却又看不到，或者是你自己故意视而不见。无论是何种情况，所要面对的残酷现实都一样：失去身份、自信，没有方向，随波逐流。通常，这种事情只要发生在你身上一次，你就会发誓下次绝不让这种事情在毫无防备的情况下发生。惨痛的教训往往是最难忘的。

失业者中有许多都缺乏有效的人际关系网；许多人在技能培养方面，需要好好加强；许多人都有很大的失落感，但他们愿意接受训练。

当你失去工作重新找工作时，一定面临很大的压力。当然，开始的最好时机，应该是裁员的风声一出来时就行动。如果你感觉到公司要裁员，如公司的财务状况不好，或者有被并购的风声，相信你的直觉。尽一切可能，为下一份工作做好准备。找一份新工作要花的时间，可能比你想象的要长得多，尤其当你是高薪阶层的人。

还要记住，新的职场趋势使得工作稳定性降低，而需要有更多弹性。这次可能只是牛刀小试，所以如果你能发展一套有效策略，以后绝对用得上。

如果你的饭碗眼看就要丢了，马上开始分析你的情况。别骗自己船到桥头自然直，以为裁员裁不到你，或者想以后再说。大部分的商业与管理专家都承认，虽然有些公司还是会以员工福祉为重，但商场毕竟不是慈善事业，一切还是会先以利益为考量，即使要大幅裁员也在所不惜。身为员工，一定要懂得如何为自己安排出路。首先，老老实实地评估自己的技能，如果没有学历，是不是就与心目中的理想工作绝缘？要换到另一家公司，担任与现在相当的职位，是不是得先进修或接受训练？在今天的工作环境下，你的学位是否已派不上用场？

但如果你没有其他的一技之长，是不能靠学位吃饭的。你懂不懂电脑，或是其他技术？你的面试技巧需要加强吗？履历表是否该找人指点一下？是否有广博的人际关系？培养这些技能，其实没有想象中那么难。而且，你有别的选择吗？付出努力，好好培养扎实的生涯管理技能，将会使你一生受益。

时代在发展，女人对自身的要求愈来愈完美，她们不断进取，不断超越自我。她们展现了女人妩媚、柔韧、坚强的风采，她们是女人中的极品，是男人眼中的亮丽风景。

女人成功的动力源于拥有一个值得努力的目标和抛开自我，放眼寻求生命的真谛。胸怀大志的人所显露的一个显著特征就是他们勇于超越自我，全力以赴圆自己心中的梦。

成功不是扬扬得意地炫耀自己所取得的成就，也不是为一点小小的成绩而自满。如果你有一双强有力的手，不仅带动你自己，而且也能帮助那些寻找目标、坚持不懈的人，你才能算是获得了更大的成功。

追求超越自我的女人，每一分每一秒都活得很踏实，她们尽其所能享受、关怀、做事并付出。除了工作和赚钱以外，她们的人生还有其他意义。若非如此，即使身居高位，生活富裕，你也可能仍感到空虚。

要享受成功，必须先明白自己工作的目的，辛勤工作，夜以继日，更要有一个切实的目标。财富以外，更重要的是幸福。

人生战场上真正的赢家大多目标远大、目标明确，她们追寻生命的真谛和超越自我。她们能够把生活的各个层面融合为一体。为了享受生活的乐趣，她们不仅剖析自我，而且爱从大处着眼，展望生命的全貌。

不论是今人或古人，都对我们今日的生活有莫大的贡献，因此我们必须竭尽所能，以求回报。我们必须要超越自我，全力以赴，为更加美好的生活而努力，以求突破现状，开创新局面。

同样，职业女性也需要梦想。

在现实社会中，很多事物等着职业女性去挑战，贫困、疾病、危机、缺乏爱意等各种社会现象令人不寒而栗，拥有梦想才能拯救自己。

太现实的女人往往会失去梦想。善于梦想的女人，无论怎样贫苦、怎样不幸，她总有自信，甚至自负。她藐视命运，她相信较好的日子终会到来。一个女人的梦想的实现，往往可以感应起一串新的梦想的努力。

精心规划人生，绽放多彩华章

人活一世，需懂得精心规划自己的人生，这是走向成功、收获幸福的重要前提。在人生规划这件事上，真正成功的人生，都始于周密的规划。唯有经过精心规划的人生，才能如春日里繁花似锦，生机勃勃。

对于女性而言，成功体现在两个重要维度：事业与家庭。事业的成功能够让女性光彩夺目，在社会上赢得尊重和认可，展现出自己的专业能力和价值；家庭的幸福则能让女性安心、甜蜜，感受到浓浓的亲情和温暖。为了实现自身的成功，女性需要精心规划人生目标。

确立人生的总体目标后，应将之分解为各个阶段的具体目标，并持之以恒地努力，不达目标誓不罢休。这样的人生虽充满艰辛，但成功者也屡见不鲜。

一个好的人生策划，不仅能让你明确方向、确立奋斗目标，而且还能让你合理有效地利用时间，从而轻松自如地走向成功的彼岸。

目标需合理，要与自身的身体条件、能力和时间相匹配。唯有当目标是可及的，能够让我们感受到胜利的喜悦和满足，才能不断激励我们进步。如果目标过高，远远超出了我们的能力范围，那么在追求目标的过程中，我们很可能会因为屡屡受挫而丧失信心；反之，如果目标过低，轻易就能达成，那也无法真正激发我们的潜能，促进我们的成长。

所定目标必须是内心真正渴望实现的。只有当目标与我们内心的真正诉求相契合，我们才会有足够的动力去追求它。如果只是因为外界的压力、他人的期望或者跟风随大流而设定目标，那么在追求目标的过程中，我们很可能会缺乏内在的动力，遇到困难时就容易放弃。

目标需具有可衡量性，要避免将"我要读很多书""我要取得更多工作成果"这类模糊不清的目标纳入自己的规划。模糊的目标无法让我们准确地知道自己是否已经达成目标，也无法为我们提供具体的行动方向。

若忽视这三点，目标就可能成为遥不可及的悬崖之果。"一个人若没有明确的航行目标，任何风向对他来说都不是顺风。"然而，如果通往目标的路途布满礁石，这种航行很可能以失败告终。

你可以平凡，但绝不能平庸。平庸是对生命的不负责任，一个有思想的女性绝不会让自己陷入平庸。无论结果如何，只有尝试过才不会后悔。

在当今快速发展的时代，知识和技能的更新换代日新月异。对于职业女性来说，持续学习和技能提升是保持竞争力、实现成功的必备要素。

行业的发展会不断催生新的技术、理念和方法，如果女性满足于现有的知识和技能，很快就会被时代淘汰。为了跟上时代的步伐，女性可以通过多种途径进行学习提升。参加专业培训课程是一种常见且有效的方式。这些培训课程可以涵盖各个领域，如市场营销、财务管理、人力资源管理等，能够帮助女性系统地学习专业知识，提升专业技能。

在线学习平台也为女性提供了便捷的学习渠道。如今，有许多优质的在线学习资源可供选择，上面有来自世界各地顶尖高校和机构的课程，涉及的学科范围广泛，从人文社科到理工科学，应有尽有。女性可以根据自己的兴趣和职业需求，选择合适的课程进行学习，不受时间和空间的限制。

除了专业知识和技能的提升，软技能的培养同样重要。软技能包括沟通能力、团队协作能力、领导力、问题解决能力等，这些技能在工作和生活中都起着至关重要的作用。

通过持续学习和技能提升，女性能够不断充实自己，增强自身的竞争力，为实现成功的人生目标奠定坚实的基础。

传统观念中的成功往往局限于事业有成、财富积累等方面，但对于现代女性来说，成功的定义应该更加多元化。追求多元成功，就是要打破传统观念对成功的单一界定，让女性能够根据自己的实际情况和内心诉求，全方位地实现人生价值，在不同的领域都能绽放出属于自己的光彩。

希望女性朋友们能够在复杂多变的现代社会中，走出一条属于自己的成功之路，绽放出多彩的人生。她们可以在事业上取得成就，在家庭中享受幸福，在个人成长上不断进步，在社会贡献上有所作为，成为真正意义上的成功女性。

奋斗是搭建通往成功与梦想的坚实桥梁

奋斗，无疑是成功的基石，它宛如一条熠熠生辉的大道，引领着我们坚定地踏上通往目标的唯一坦途。站在人生的起跑线上，我们每个人都怀揣着对未来的憧憬与对成功的渴望，然而，唯有通过不懈的奋斗，我们方能超越自我，重塑人生轨迹，实现生活品质的显著改善。从国家繁荣富强的宏观视角，到个人成就辉煌的微观层面，世间一切辉煌成就无不深深植根于个体的奋斗精神之中。

每个人的心中都燃烧着对成功的渴望之火，期盼着有朝一日能够被鲜花与掌声簇拥，期盼着成功的光环能够璀璨地照耀在自己的头顶，期盼着那份令人瞩目的荣耀能够成为自己人生的注脚。然而，仅仅停留在幻想的层面，仅仅是在脑海中勾勒出成功的美好蓝图，成功永远不会主动降临到我们的身边。唯有通过脚踏实地、持之以恒的奋斗，我们才能真正铺就通往成功的坚实道路。

成功，这个看似简单却又蕴含着丰富内涵的词汇，既涵盖着世俗意义上的辉煌成就，如在某个特定领域占据卓越地位，成为行业内的翘楚；也蕴含着个人层面的自我超越，实现自身价值的最大化提升。一个人若缺乏为理想而奋斗的坚定决心，其人生将会变得空洞无物，如同失去了灵魂的躯壳，在岁月的长河中随波逐流。

我们为了诸多美好的目标而奋斗，无论是学术探索领域，渴望在知识的海洋中挖掘出更深层次的真理；还是财富积累方面，期望通过辛勤努力实现经济上的富足；亦或是生活品质提升的诉求，希望能够享受更加舒适、惬意的生活；乃至爱情追求的旅程，期待找到那个与自己灵魂契合的伴侣；以及那颗永不满足、始终追求进步的心灵，都需要我们倾注全部的心血、智慧，并亲身投入到实践中去奋斗。因此，无论我们身处哪个行业，从事何种工作，唯有坚持不懈地奋斗，我们才能真正活出自我风采，摘取那象征着成功的诱人果实。无数成功者的励志故事，便是他们以实际行动诠释奋斗精神的生动写照。

在当今这个日新月异、科技飞速发展的时代，我们唯有始终保持奋斗精神，以积极乐观的态度为成功、为未来、为梦想而持续奋斗，才能确保我们的人生不虚度，才能在时代的浪潮中站稳脚跟，跟上时代发展的步伐。奋斗，不仅是实现个人梦想的最可靠途径，更是一种能够改变个人命运的强大力量。

而且，奋斗的意义远不止于此。它还能为创造一个更加公平正义的社会环境贡献重要力量。当每个社会成员都通过自身的奋斗实现了成功，这不仅意味着个人生活水平的提高，更意味着整个社会的资源分配将更加合理，社会机制将更加优良，社会保障也将更加可靠。这些积极的变化反过来又会进一步促进更多的个人取得更大的成功，形成一个良性循环，推动整个社会不断向前发展。

奋斗是实现个人梦想的必由之路，正如那句古语所说："天道酬勤"，成功从不属于轻易放弃的人。只有那些在奋斗过程中屡败屡战、即便跌倒后也能勇敢地爬起来再战的人，才能在人生的终点迎来成功的热烈拥抱。我们应秉持这样的信念，为心中的目标积极行动起来，全力以赴地拼搏奋斗，唯有如此，我们方能超越平凡，迈向卓越，在人生的舞台上绽放出属于自己的璀璨光芒。

奋斗，是一条充满艰辛但又无比光辉的道路。它是我们通往成功与梦想的桥梁，只要我们坚定地走在这条道路上，不断努力、不断拼搏，我们就一定能够实现自己的目标，收获成功的喜悦。